Mohd Afzanizam Muda

Fluxo de carbono e azoto no aterro sanitário de Jeram, Selangor, Malásia

Mohd Afzanizam Muda

Fluxo de carbono e azoto no aterro sanitário de Jeram, Selangor, Malásia

Análise do fluxo de materiais A AMF como ferramenta de avaliação

ScienciaScripts

Imprint

Any brand names and product names mentioned in this book are subject to trademark, brand or patent protection and are trademarks or registered trademarks of their respective holders. The use of brand names, product names, common names, trade names, product descriptions etc. even without a particular marking in this work is in no way to be construed to mean that such names may be regarded as unrestricted in respect of trademark and brand protection legislation and could thus be used by anyone.

Cover image: www.ingimage.com

This book is a translation from the original published under ISBN 978-3-659-41453-4.

Publisher:
Sciencia Scripts
is a trademark of
Dodo Books Indian Ocean Ltd. and OmniScriptum S.R.L publishing group

120 High Road, East Finchley, London, N2 9ED, United Kingdom
Str. Armeneasca 28/1, office 1, Chisinau MD-2012, Republic of Moldova, Europe
Printed at: see last page
ISBN: 978-620-8-11143-4

Índice:

Capítulo 1

1. Introdução
1.1 Aterro sanitário na Malásia.

A deposição em aterro é a atividade de eliminação mais antiga, mais comum e preferível, tendo em conta os aspectos sociais ou económicos nos países em desenvolvimento, apesar de ser a menos preferível na hierarquia de gestão de resíduos. A deposição em aterro como eliminação final é muito importante na hierarquia de gestão de resíduos porque não existem tecnologias disponíveis para evitar a totalidade dos resíduos indesejados do sector dos resíduos e não há dotação para zero resíduos (Fauziah & Agamuthu 2012). [st]O encerramento do primeiro aterro sanitário em Selangor; o aterro sanitário de Air Hitam em Puchong, Selangor, em 31 de dezembro de 2006, ficou completamente cheio ao fim de 15 anos. Prevê-se que o aterro de Jeram seja encerrado em 2018, apesar de ter sido planeado para estar em funcionamento até 2023. O Governo do Estado de Selangor é forçado a encurtar a vida útil do aterro sanitário de Jeram para 11 anos, em vez dos 16 previstos. Sem a alteração da utilização dos solos, as emissões per capita de cada malaio foram de 5,7 toneladas de C02 eq em 2005, o que faz do país o 67th maior produtor per capita de emissões de gases com efeito de estufa. A partir de 2000, a quantidade total de emissões de CH4 do sector dos resíduos foi estimada em 0,026 milhões de Gg CO2 eq, sendo o potencial de aquecimento global (GWP) dos aterros da Malásia de 1168,6 Gg de emissões de CH4 de 21. A falta de actividades de reciclagem e compostagem no sistema de gestão de resíduos da Malásia resultou numa produção diária de aproximadamente $2,7 \times 10^6$ L de CH4 (Agamuthu & Fauziah 2010).

1.2 Funcionalidade do aterro: sumidouro vs reservatório

O público vê os aterros como um local de despejo de lixo. Pouco se sabe que estes resíduos enterrados se acumulam no interior do corpo do aterro, sofrendo não só alterações graduais mas também significativas ao longo do tempo em termos de parâmetros físicos e químicos. Este facto faz com que os aterros sejam o principal sumidouro artificial de elementos químicos. Os aterros acumulam e armazenam
compostos químicos que contêm C e N. As palavras "sumidouro" e "reservatório" são frequentemente utilizadas ao longo dos anos pelos investigadores. Os sumidouros funcionam de forma semelhante aos reservatórios em ambientes antropogénicos, tendo em conta o tempo de residência de um determinado material. Os reservatórios e sumidouros podem também ser entidades difíceis de avaliar com grande exatidão (por exemplo, um oceano) ou pequenas entidades facilmente quantificáveis (por exemplo, armazéns e aterros). O termo aterro implica um depósito final genérico para material antropogénico, que, para além dos aterros reais, incluiria também sedimentos terrestres, sedimentos oceânicos e água do mar, entre outros. Na terminologia da ciclagem de elementos, o aterro é considerado um reservatório de acumulação e o sistema é aberto (Klee & Graedel 2004). Com base na funcionalidade, por assim dizer, os sumidouros são reservatórios de alguma forma. Enquanto os elementos no reservatório podem ser colhidos quando necessário, os sumidouros apenas mantêm o stock. Os sumidouros naturais são normalmente maiores do que os artificiais (Brunner, 2011). O aterro sanitário para resíduos sanitários ou perigosos é um dos principais sumidouros artificiais na investigação académica. Um sumidouro adequado pode ser definido como um dispositivo que assegura que uma entrada é armazenada em segurança e que a saída para o ambiente é libertada de forma passiva, não prejudicando o ambiente, por exemplo, um lago, o mar, as águas subterrâneas, os solos e sedimentos, ou a atmosfera. No entanto, um sumidouro inadequado é um dispositivo que liberta para o ambiente as matérias e elementos perigosos armazenados em concentrações ou quantidades mais elevadas. Demonstra também que muitos sumidouros são intermédios e não "sumidouros finais", capazes de reter substâncias durante um período de tempo geológico (Baccini & Brunner, 2012). "Intermédio" refere-se aqui ao espaço (limitado ou sem fronteiras) e ao tempo (temporário ou permanente). Existem poucos sumidouros finais perfeitos à escala global. Os sumidouros mais bem estudados são provavelmente os destinados à eliminação segura de resíduos nucleares. Os melhores são as minas de sal, as montanhas muito antigas, os poços de minas antigos e profundos e, por vezes, até os fundos marinhos profundos são mencionados (Brunner, 2011). A maior parte dos outros sumidouros, como os aterros sanitários ou de segurança, os depósitos de cinzas e de escórias, só podem ser considerados sumidouros temporários; se forem bem construídos, não forem sobrecarregados e se os lixiviados forem bem tratados, podem ser eficazes até que a lixiviação desapareça ao fim de muitos anos, mas nunca excedendo o limite aceitável (Brunner, 2011).

1.3 Resíduos e fluxo de materiais

Uma das principais vantagens da aplicação da AMF ao que é, em grande medida, um problema de gestão de resíduos é a capacidade de ver todo o sistema de fluxo de materiais a montante e a jusante da gestão de resíduos de acordo com categorias (Fischer-Kowalski & Huttler,1999). O fluxo de resíduos segue os materiais à medida que entram no sistema (por exemplo, uma cidade) através da importação ou; circulam ou se tornam adições ao stock de construção existente (como quando os materiais de construção são colocados em casas onde permanecem durante longos períodos de tempo); são reciclados na cidade; ou deixam o sistema através da eliminação ou exportação. O fluxo de resíduos está relacionado com a AMF a nível económico. (Eurostat, 2013). A fim de visualizar o sistema de gestão de resíduos com mais pormenor, foi criado um diagrama de fluxo de materiais que descreve os tipos de resíduos. A estabilização foi conseguida pela degradação dos resíduos depositados através da decomposição, que afecta a qualidade e a quantidade de resíduos depositados em aterro. O fluxo de resíduos começa no fluxo de resíduos e flui para todo o sistema.

1.4 Balanços de Massa e Elementos em Aterros de Resíduos Sólidos Urbanos.

Vários elementos como C, N, Ca, K e P estão presentes nos resíduos sólidos urbanos. Estes elementos podem geralmente ser divididos em orgânicos e inorgânicos. Os resíduos de aterro enterrados num espaço durante um período de tempo têm parâmetros físicos e químicos distintos. No âmbito da análise do fluxo de materiais (AFM), o aterro é um sistema fechado mas dinâmico. Factores externos como a precipitação (por exemplo, a pluviosidade) e a temperatura (intimamente relacionada com o

A água, por exemplo, é o meio para a transferência de substrato e nutrientes dentro do aterro. Os coeficientes de transferência de diferentes elementos, principalmente para o gás e o lixiviado, também conhecidos como exportações, contribuem para o potencial mobilizável (Baccini, et.al, 1987). Os coeficientes de transferência são definidos para cada saída de um processo e podem ser uma constante ou uma variável. São úteis para a análise de sensibilidade do sistema investigado e para a análise de cenários. A AFM ou Análise do Fluxo de Substâncias (AFS) avaliou os fluxos e as existências de materiais num sistema definido no espaço e no tempo. Foram efectuadas através do modelo de balanço de massas Substance Analysis (STAn), que realiza a AFM de acordo com a norma austríaca ONorm 2096 S (AFM - Aplicação na gestão de resíduos) (Cencic & Rechberger, 2008). No STAN, o sistema de resíduos ou qualquer outro sistema de interesse pode ser construído para ser apresentado graficamente como diagramas de Sankey, adicionando fluxos de massa, concentrações e coeficientes de transferência conhecidos. As simulações são efectuadas pelo STAN para reconciliar dados incertos e/ou para calcular parâmetros (por exemplo, através de simulações de Monte Carlo). A definição e análise do sistema de AMF é uma entidade que pode ser espacial (com base geográfica, global, regional ou nacional) e temporal (com base no tempo). Em qualquer sistema, cada fluxo está associado à origem e ao processo final, que devem ser claramente identificados. As fronteiras do sistema definem a delimitação temporal e espacial do sistema que está a ser investigado. Os limites espaciais do sistema para este estudo incluem o corpo do aterro, a superfície do aterro e os processos ou ciclos dentro de um circuito de aterro sanitário tropical. Este sistema inclui instalações para o tratamento de gases e lixiviados. Os fluxos de materiais que entram num sistema são importações, enquanto os que saem do sistema são conhecidos como exportações. A análise de sensibilidade permite quantificar o efeito de uma alteração de um parâmetro definido (por exemplo, uma variação de 10%) numa variável (Baccini & Bader, 1996). Esta quantificação permite conhecer os parâmetros mais determinantes para determinadas variáveis. Por conseguinte, indica onde devem ser colocadas as prioridades aquando do desenvolvimento de contramedidas. Uma vez que a disponibilidade e a fiabilidade limitadas dos dados foram identificadas como um obstáculo a uma aplicação mais ampla da AMF na elaboração de políticas, as considerações relativas à incerteza são da maior importância. Há muito pouca informação sobre a forma de lidar com a disponibilidade e a fiabilidade limitadas dos dados quando se aplica o método de análise do fluxo de materiais. Hedbrant e Sorme (2001) sugerem um método baseado em intervalos de incerteza para lidar com dados quantitativos incertos. Na abordagem de modelização, a descrição matemática dos sistemas de AMF permite simular o impacto de alterações no sistema e pode, por conseguinte, ser utilizada como uma ferramenta para avaliar potenciais sistemas de gestão de resíduos.

1.5 Balanço de massa de carbono e azoto em aterros sanitários.

O balanço de massa de C e N é um bom indicador para avaliar o potencial poluente residual durante e após o período de tratamento de um determinado aterro (Cossu et. al, 2005). Neste estudo, o parâmetro de referência para o carbono é o Carbono Orgânico Total (COT), enquanto o balanço de azoto é o Azoto Total Kjeldhal (TKN). A conversão estequiométrica completa dos sólidos biodegradáveis em CH_4, CO_2, NH_3, H_2S foi calculada com base na fórmula proposta por Buswell e Mueller (1952) e na composição dos resíduos iniciais. O teor de oxigénio foi obtido a partir do teor médio encontrado na literatura (Barlaz et al, 1989; Tchobanoglous e Kreith, 2002) (Eq.1):

$$C_{1.995} H_{3.58} O_{1.256} N_{0.115} S_{0.047} + 0.581 H_2O \Rightarrow 1.08 CH_4 + 0.92 CO_2 + 0.115 NH_3 +$$

$$0.047 H_2S \hspace{4cm} \text{(Eq. 1)}$$

Em teoria, a fração de C e N é muito importante no equilíbrio de carbono e azoto num aterro. O grau de estabilização dos resíduos está intimamente relacionado com a dinâmica do C e do N num sistema de aterro.

1.6 Declaração do problema e objectivos

Os problemas de qualidade e disponibilidade dos dados causam dificuldades aos planeadores e decisores na compreensão da informação sobre a produção de resíduos, a fim de formularem estratégias de gestão adequadas. A AFM é um quadro ou ferramenta para quantificar o fluxo de materiais ao nível das substâncias com dados limitados (Brunner & Rechberger, 2004). Este estudo determinará eventualmente o potencial e as limitações da aplicação da AMF à gestão dos resíduos urbanos. O carbono é a principal fonte de emissão de gás de aterro, mas os dados disponíveis do aterro sanitário de Jeram (JSL) são limitados. Além disso, o comportamento dos RSU em condições de aterro sanitário exige uma compreensão mais profunda, uma vez que a deposição em aterro é uma das opções de gestão de resíduos, e a influência de parâmetros específicos, como a precipitação, a temperatura, os padrões de produção e carregamento de RSU, as práticas de reciclagem de resíduos e a produção de gás de aterro serão abrangidos no quadro da AMF. O desempenho do C e do N durante a fase de deposição em aterro e a fase de pós-encerramento (cuidados posteriores) deve ser um aspeto importante, dado que o carbono e o azoto são compostos quimicamente reactivos em comparação com os inorgânicos. A quantificação destas emissões numa análise de fluxo determinará a melhor opção para a gestão dos RSU. O desvio de resíduos para além da deposição directa em aterro é mínimo no JSL (por exemplo, reciclagem ou recolha de gás de aterro) e, por conseguinte, as emissões de carbono são libertadas como fluxo de saída num sistema de aterro.

Os objectivos da investigação são:

1. Recolher informações de base sobre a JSL e determinar o potencial e as limitações da aplicação da AMF na gestão dos resíduos urbanos.
2. Quantificar os fluxos de C e N no sistema de aterro sanitário por meio de análise de entrada e saída de resíduos, balanço de massa do fluxo de C e N, fluxo de elementos de C e N.
3. Estabelecer a análise do fluxo total de substâncias (SFA) de C e N de um aterro sanitário em Selangor através de inventários detalhados do ciclo de vida (LCIs) num sistema de aterro sanitário.

Capítulo 2

Revisão da literatura 2.0 Tendências da produção de resíduos sólidos urbanos

      2.0.1 Tendências globais

O relatório What A Waste (2012) do Banco Mundial fornece dados consolidados sobre a produção, recolha, composição e eliminação de RSU por país e por região. Apesar da sua importância, não estão normalmente disponíveis informações fiáveis sobre os RSU a nível mundial. Tal como sugerido no relatório, existem informações suficientes sobre os RSU para estimar as quantidades e tendências globais. A taxa de produção de resíduos nos países desenvolvidos foi considerada muito mais elevada do que nos países em desenvolvimento, em trânsito e subdesenvolvidos (Fauziah & Agamuthu, 2012). A produção de RSU nos países em desenvolvimento varia entre 0,25 e 1,97 kg per capita por dia (Agamuthu, 2001). Enquanto nos países mais desenvolvidos, a produção per capita de RSU variava entre 1,1 kg e 5,07 kg (Hoorwerg & Thomas, 1999). Atualmente, estima-se que são produzidas anualmente quase 1,3 mil milhões de toneladas de RSU a nível mundial, ou seja, 1,2 kg/capita/dia. Os actuais níveis globais de produção de RSU são de aproximadamente 1,3 mil milhões de toneladas por ano, prevendo-se que aumentem para aproximadamente 2,2 mil milhões de toneladas por ano até 2025. Isto representa um aumento significativo das taxas de produção de resíduos per capita, de 1,2 para 1,42 kg por pessoa por dia nos próximos quinze anos (Banco Mundial, 2012). No entanto, as médias globais são apenas estimativas gerais, uma vez que as taxas variam consideravelmente consoante a região, o país, a cidade e mesmo dentro das cidades. As taxas de produção de resíduos têm sido positivamente correlacionadas com o consumo de energia e o PIB per capita (Bogner *et al.*, 2008). A Europa e os Estados Unidos são os principais produtores de RSU a nível mundial (Lacoste & Chalmin, 2006).

Os resíduos sólidos urbanos (RSU) são gerados em proporção com a produtividade económica e a taxa de consumo da população dos recursos dos países.

Os países com rendimentos mais elevados produzem mais resíduos per capita e os seus resíduos contêm geralmente mais material de embalagem e artigos recicláveis. Nos países com baixos rendimentos, a atividade comercial e industrial é limitada, pelo que as actividades de reciclagem são limitadas. O Quadro 2.1 reflecte as taxas de produção em comparação com o nível económico e o custo de gestão em diferentes países. A produção de RSU tem um impacto mais relevante e visível no ambiente. Na maioria dos países de baixo rendimento, há terrenos disponíveis que são comparativamente mais fáceis de explorar em lixeiras a céu aberto do que nos países desenvolvidos, onde o custo dos terrenos é demasiado elevado devido às exigências económicas e residenciais. São necessárias instalações mais avançadas, como a incineração, o combustível derivado de resíduos, a compostagem e as instalações de recuperação de materiais.

Tabela 2.1 : Perspetiva global das taxas de produção de resíduos sólidos urbanos e da Custos de gestão respectivos (Cointreau, 2006).

	Unidades	Baixa Rendimento	Médio Rendimento	Elevado Rendimento
Resíduos urbanos mistos - Cidade grande	kg/capa/dia	0,50 a 0,75	0,55 a 1,10	0,75 a 2,20
Resíduos urbanos mistos - Cidade média	kg/capa/dia	0,35 a 0,65	0,45 a 0,75	0,65 a 1,50
Apenas resíduos residenciais	kg/capa/dia	0,25 a 0,45	0,35 a 0,65	0,55 a 1,00
Rendimento médio do PNB	USD/cap/ano	370	2,400	22,000

Custo de recolha	USD/tonelada	10 a 30	30 a 70	70 a 120
Custo de transferência	USD/tonelada	3 a 8	5 a 15	15 a 20
Custo do despejo a céu aberto	USD/tonelada	0,5 a 2	1 a 3	5 a 10
Custo do Aterro Sanitário	USD/tonelada	3 a 10	8 a 15	20 a 50
Custo da recuperação de terrenos de maré	USD/tonelada	3 a 15	10 a 40	30 a 100
Custo da compostagem	USD/tonelada	5 a 20	10 a 40	20 a 60
Custo de incineração	USD/tonelada	40 a 60	30 a 80	70 a 100
Custo total sem transferência	USD/tonelada	13 a 40	38 a 85	90 a 170
Custo total com transferência	USD/tonelada	17 a 48	43 a 100	105 a 190
Custo em % do rendimento	%	0,7 a 2,6	0,5 a 1,3	0,2 a 0,5

* Rendimento baseado nos dados do Produto Nacional Bruto de 1992 do Relatório sobre o Desenvolvimento Mundial (1994).

A Tabela 2.2 reflecte algumas das taxas de produção, o rendimento do país e a composição dos RSU produzidos. Nos países com rendimentos mais baixos, as taxas de produção são mais baixas. A prosperidade dos residentes urbanos é importante na projeção das taxas de RSU. Por exemplo, a Índia e a China têm taxas de produção de resíduos urbanos per capita elevadas em relação ao estatuto económico. As taxas de produção de resíduos estão relacionadas com o estatuto económico, uma vez que as populações rurais pobres na China e na Índia são grandes (Banco Mundial, 2012). Isto mostra que o estatuto socioeconómico de um país tem um efeito adverso nas taxas de produção e também nas taxas de reciclagem. A quantidade total de resíduos gerados por ano nesta região é de 160 milhões de toneladas, com valores per capita que variam entre 0,1 e 14 kg/capita/dia, e uma média de 1,1 kg/capita/dia. O Banco Mundial (2012) referiu que, para além das elevadas taxas de produção de resíduos per capita nas ilhas de África, as maiores taxas de produção de resíduos sólidos per capita encontram-se também nas ilhas das Caraíbas. No Médio Oriente e no Norte de África, a produção de resíduos sólidos é de 63 milhões de toneladas por ano (Banco Mundial, 2012). A produção de resíduos per capita é de 0,16 a 5,7 kg por pessoa por dia, com uma média de 1,1 kg/capita/dia (Banco Mundial, 2012 & Banco Mundial, 1999). Os valores per capita variam de 1,1 a 3,7 kg por pessoa por dia, com uma média de 2,2 kg/capita/dia (Banco Mundial, 2012 & Banco Mundial, 1999). Quanto mais elevado for o nível de rendimento e a taxa de urbanização, maior será a quantidade de resíduos sólidos produzidos. Os países da OCDE produzem 572 milhões de toneladas de resíduos sólidos por ano (OCDE, 2008a). Além disso, o CH_4 dos aterros sanitários tem sido a maior fonte de emissões globais de GEE provenientes do sector dos resíduos. A recuperação e utilização de CH4 de aterro como fonte de energia renovável foi comercializada pela primeira vez em 1975 e está atualmente a ser implementada em mais de 1150 instalações em todo o mundo, com reduções de emissões superiores a 105 MtCO2-eq/ano (Willumsen, 2003; Bogner & Matthews, 2003).

Tabela 2.2 : Projecções de produção de resíduos para 2025 Região por rendimento a partir de fontes fiáveis (World Development Indicators 2005; IEA Annual Energy Outlook, 2005; United Nations World Urbanization Prospects, 2007).

| Região | Dados actuais disponíveis | | | Projecções para 2025 | | | |
| | | Produção de resíduos urbanos | | População projectada | | Resíduos urbanos projectados | |
	População urbana total (milhões)	Per capita (kg/capita/dia)	Total (toneladas/dia)	População total (milhões)	População urbana (milhões)	Per capita (kg/capita/dia)	Total (toneladas/dia)
Inferior Rendimento	343	0.6	204,802	1,637	676	0.86	584,272
Inferior Médio Rendimento	1,293	0.78	1,012,321	4,010	2,080	1.3	2,618,804
Rendimento médio superior	572	1.16	665,586	888	619	1.6	987,039
Elevado Rendimento	774	2.13	1,649,547	1,112	912	2.1	1,879,59 0
Total	2,982	1.19	3,532,256	7,647	4,287	1.4	6,069,705

O Quadro 2.3 apresenta mais pormenores sobre o modo como a eliminação de RSU varia consoante o nível de rendimento do país. Os países em desenvolvimento têm muito mais probabilidades de ter lixeiras a céu aberto e geridas e alguns podem ter uma mistura dos três tipos, com aterros sanitários nas grandes cidades, lixeiras geridas em municípios maiores e lixeiras a céu aberto em zonas rurais e em algumas zonas urbanas (EPA, 2006a).

Tabela 2.3: Eliminação de RSU por rendimento (milhões de toneladas) em países de baixo rendimento e de rendimento médio alto (Banco Mundial, 2012).

Rendimento elevado	Rendimento médio superior

Despejos	0.05	Despejos	44
Aterros sanitários	250	Aterros sanitários	80
Composto	66	Composto	1.3
Reciclado	129	Reciclado	1.9
Incineração	122	Incineração	0.18
Outros	21	Outros	8.4
Rendimento baixo		Rendimento médio-baixo	
Lixeiras	0.47	Lixeiras	27*
Aterros sanitários	2.2	Aterros sanitários	6.1
Composto	0.05	Composto	1.2
Reciclado	0.02	Reciclado	2.9
Incineração	0.05	Incineração	0.12
Outros	0.97	Outros	18

* O valor é relativamente elevado devido à inclusão da China

2.0.2 Tendências regionais.

O Banco Mundial (1999) previu que, em 2025, a taxa diária de produção de RSU na Ásia seria de 1,8 milhões de toneladas por dia. Estas estimativas continuam a ser exactas. Atualmente, a taxa de produção diária no Sul da Ásia e na Ásia Oriental e Pacífico combinados é de aproximadamente 1 milhão de toneladas por dia (Banco Mundial, 2012). O continente asiático, tal como o resto do mundo, continua a ter uma maioria de resíduos orgânicos e de papel no seu fluxo de resíduos. O crescimento das quantidades de resíduos é o mais rápido na Ásia (Banco Mundial, 2012). A produção anual de resíduos na Ásia Oriental e na região do Pacífico é de aproximadamente 270 milhões de toneladas por ano (Banco Mundial, 2012). Esta quantidade é principalmente influenciada pela produção de resíduos na China, que representa 70% do total regional (Banco Mundial, 2012). A produção de resíduos per capita varia entre 0,44 e 4,3 kg por pessoa e por dia na região, com uma média de 0,95 kg/capita/dia (Hoornweg *et.al*, 2005). No Sul da Ásia, são produzidos cerca de 70 milhões de toneladas de resíduos por ano, com valores per capita que variam entre 0,12 e 5,1 kg por pessoa por dia e uma média de 0,45 kg/capita/dia (Banco Mundial, 2012). A composição dos RSU por região é apresentada na Figura 2.1. A região da Ásia Oriental e do Pacífico tem a maior fração de resíduos orgânicos (62%) em comparação com os países da OCDE, que têm a menor (27%) (OCDE, 2008a). Como já foi referido, o elevado nível de rendimento e a taxa de urbanização afectam significativamente a quantidade de resíduos sólidos produzidos. Os custos da deposição em aterro têm aumentado à medida que os locais de deposição se esgotam e são impostas regulamentações ambientais mais rigorosas. Países como o Japão e a Austrália classificam os seus aterros de acordo com a presença de resíduos perigosos e aplicam medidas de controlo dos lixiviados e dos gases (Agência Internacional da Energia, 2009). No entanto, a longo prazo, os custos relacionados com o impacto de um sítio de resíduos não gerido na saúde pública e no ambiente podem ser muito superiores ao custo do encerramento. O objetivo deve ser tornar a eliminação de resíduos tão controlada e sanitária quanto possível (Agência Internacional da Energia, 2009) .

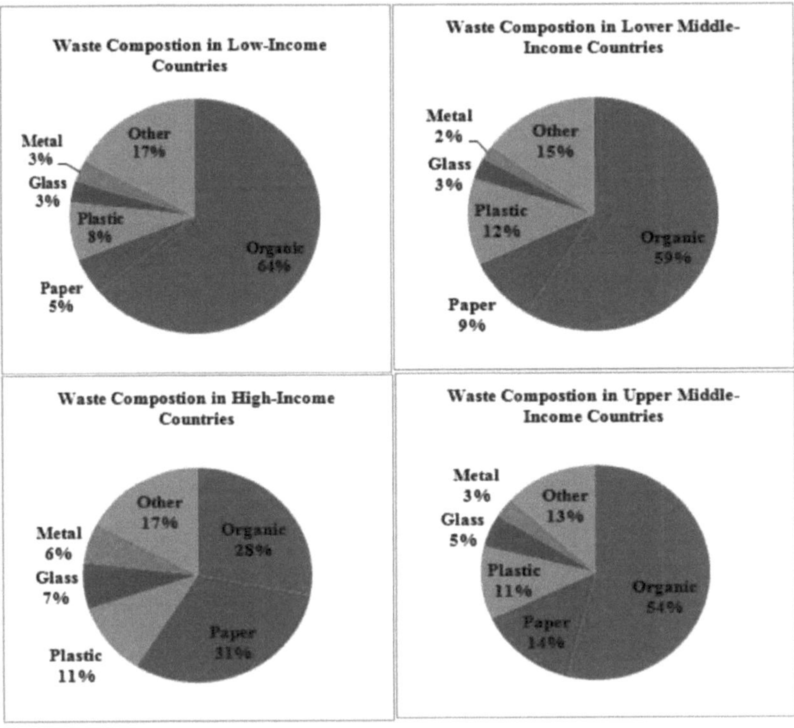

Figuras 2.1 : Composição dos RSU por classificação de nível económico (Banco Mundial, 2012).
Por conseguinte, é verdade que a gestão incorrecta dos resíduos foi identificada como uma das três principais fontes de degradação ambiental nos países asiáticos (Banco Mundial, 2010). Isto inclui a maioria dos municípios da Malásia, onde os processos de deposição em aterro que estão a ser praticados não são sustentáveis. A questão abordada diz respeito ao gás de aterro que contém gases com efeito de estufa (GEE) na Malásia, que são passivamente libertados para a atmosfera e contribuem significativamente para o potencial de aquecimento global. O processo de deposição em aterro inclui aspectos de gestão e económicos, especialmente a sua contribuição para as alterações climáticas. As tendências regionais mostram que o CH4 e o N2O podem ser produzidos e emitidos durante a recolha e o tratamento de águas residuais municipais e industriais, dependendo do transporte, do tratamento e das condições de funcionamento (Banco Mundial, 2010). As lamas podem também gerar microbiologicamente CH4 e N2O, que podem ser emitidos sem captura de gases. Em 1994, foram gerados mais de 7,6 milhões de Gg de CO2 eq na região asiática e, em 10 anos, as emissões de GEE aumentaram 80% (Agamuthu &Fauziah, 2010). Aproximadamente 18% do CH4

antropogénico global provém de aterros sanitários e águas residuais, contribuindo com 90% das emissões totais do segmento de resíduos (USEPA, 2006).

2.0.3 Tendências nacionais

A Malásia gera mais de 30 000 toneladas de resíduos sólidos urbanos (RSU) todos os dias, depositando aproximadamente 95% do volume de resíduos em 260 aterros sanitários activos, dos quais apenas cinco possuem instalações de GFV. 90% são aterros não sanitários que não possuem revestimento de aterro e tubos de gás (Departamento Nacional de Gestão de Resíduos Sólidos da Malásia, 2009). Os aterros apresentam riscos de impacto ambiental devido à produção de lixiviados e gases, o que não é desejável. As políticas e regulamentos de gestão de resíduos sólidos na Malásia evoluíram a partir de políticas informais e desenvolveram-se gradualmente através de disposições suplementares na legislação, tais como a Lei das Ruas, Drenagem e Construção de 1974, a Lei do Governo Local de 1976 e a Lei da Qualidade Ambiental de 1974, para um Plano Estratégico Nacional para a Gestão de Resíduos Sólidos (PEN) em 2005, o Plano Diretor para a Minimização Nacional de Resíduos (MWM) em 2006 e, finalmente, para uma Lei de Gestão de Resíduos Sólidos e Limpeza Pública (SWMA) em 2007 (Fauziah & Agamuthu, 2012). O PEN inclui um objetivo de redução e recuperação de 17% dos resíduos até 2020, o que equivale a cerca de 2 milhões de toneladas de resíduos sólidos por ano (Fauziah & Agamuthu, 2012). Tem também como objetivo encerrar todas as lixeiras existentes até 2020, o que deverá ter um efeito positivo através do controlo da descarga de lixiviados e das emissões de metano (ISWA White Paper, 2009). Estima-se que as taxas de reciclagem de resíduos sólidos sejam de cerca de 3-5%; menos de metade da taxa de reciclagem visada de 10% em 2009 (Livro Branco da ISWA, 2009). Isto sugere que as políticas e os regulamentos requerem tempo e objectivos específicos para alcançar resultados. Entre as políticas e os regulamentos de gestão de resíduos sólidos, apenas o PEN especificou objectivos concretos para a sua gestão e desempenho em matéria de resíduos sólidos, como mostra a Tabela 2.4. O PEN, o MWM e o SWMB forneceram o quadro jurídico e a direção estratégica necessários para alcançar uma gestão sustentável dos resíduos através da redução da produção de resíduos na fonte, da minimização da quantidade de resíduos depositados em aterros e da maximização da eficiência da utilização dos recursos.

A Tabela 2.4 mostra os objectivos intermédios especificados para a gestão e o desempenho dos resíduos sólidos na Malásia (Livro Branco da ISWA, 2009).

Nível de serviço	2002	2003-2009	2010-2014	2015-2020
Sistema de recolha alargado	75 %	80 %	85 %	90 %
Redução e recuperação	3-4 %	10 %	15 %	17 %
Encerramento de lixeiras	112 lixeiras	50 %	70 %	100 %
Separação das fontes (zonas urbanas)	Nenhum	20 %	80 %	100 %

O encerramento do primeiro aterro sanitário em Selangor, Air Hitam Sanitary Landfill, Puchong Selangor,

ocorreu em 31st de dezembro de 2006. O aterro ficou completamente cheio ao fim de 15 anos.
Prevê-se que o aterro sanitário de Jeram encerre em 2018, apesar de ter sido planeado para funcionar até 2023.
O recenseamento do Ministério da Habitação e do Governo Local, através do seu organismo de ação, o Departamento Nacional de Gestão de Resíduos Sólidos da Malásia, informou em 2012 que existiam 136 aterros não sanitários em funcionamento, 30 lixeiras não registadas, outros 114 aterros em fim de vida e apenas 8 aterros sanitários no país. Em 2012 (como mostra a Tabela 2.5), havia um total de 165 locais de eliminação de RSU em funcionamento na Malásia, com apenas 11 classificados como aterros sanitários (Fauziah & Agamuthu, 2012).
O Departamento Nacional de Gestão de Resíduos Sólidos da Malásia informou que existem 176 aterros sanitários em funcionamento, outros 114 em fim de vida e apenas 8 aterros sanitários no país, como mostra o Quadro 2.5.
Quadro 2.5: Número total de aterros sanitários/lixeiras, locais de fim de vida e aterros sanitários em funcionamento, segundo os estados da Malásia, em 31 dest dezembro de 2012 (Departamento Nacional de Gestão de Resíduos Sólidos da Malásia, 2012)

Estados	Exploração do aterro /lixeiras	Aterro em fim de vida	Aterro sanitário
Perlis	1	1	0
Kedah	8	7	0
Penang	2	1	0
Perak	17	12	0
Pahang	16	16	1
Selangor	8	14	3
Putrajaya	0	0	0
Kuala Lumpur	0	7	1

Negeri Sembilan	7	11	0
Malaca	2	5	0
Johor	14	23	1
Kelantan	13	6	0
Terengganu	8	12	0
Labuan	1	0	0
Sabá	19	2	0
Sarawak	49	14	3
Total	**165**	**131**	**9**

De acordo com vários estudos, um total de 40-60 milhões de toneladas de CH4 é emitido por aterros e depósitos de resíduos antigos em todo o mundo, representando aproximadamente 11-12% das emissões antropogénicas globais de CH4 (IPCC, 2007). O metano proveniente dos aterros representa 12% do total das emissões globais de metano (USEPA 2006b). Os aterros são responsáveis por quase metade das emissões de metano atribuídas ao sector dos resíduos urbanos em 2010 (IPCC 2007). Por outro lado, o Modelo de Soluções Climáticas da WWF (2008) analisa se é possível satisfazer a procura projectada de serviços energéticos globais para 2050 e, ao mesmo tempo, obter reduções significativas das emissões globais de gases com efeito de estufa através da tecnologia de captura e armazenamento de carbono. Em 1994, as emissões de gases com efeito de estufa (GEE) da Malásia foram de 144 x 10^6 toneladas de CO2 , sendo a emissão líquida equivalente a 3,7 toneladas per capita (Segunda Comunicação Nacional à CQNUAC, 2011). Em 2005, sem a alteração do uso do solo, as emissões per capita de cada malaio foram registadas como sendo de 5,7 toneladas de C02 -eq no período de 11 anos (Segunda Comunicação Nacional à CQNUAC, 2011). Este facto colocou a Malásia como a 67th maior nação geradora de emissões de GEE per capita do mundo (Agamuthu & Fauziah, 2012). A importância de uma gestão adequada dos resíduos sólidos é crucial para uma melhor compreensão das actuais práticas em matéria de resíduos sólidos a nível regional (PNUA, 2005).

2.1 Antecedentes históricos e desenvolvimento da Análise do Fluxo de Materiais.

Os princípios da Análise do Fluxo de Materiais (AFM) foram identificados por filósofos gregos há cerca de 2000 anos (Brunner & Rechberger, 2004). O exemplo clássico da aplicação da AMF é o metabolismo humano por Santorio Santorio (1561-1636), que mediu as entradas e saídas humanas (Leontief, 1936). Descobriu que a produção humana é muito inferior à entrada. Levantou a hipótese de que os factores externos, como a transpiração, não são quantificados e, por conseguinte, afectam o estudo do metabolismo humano. Noutro domínio de investigação, a teoria concetual e os conhecimentos aplicados da AMF estão ligados à análise física e monetária das entradas e saídas desenvolvida por Wassily Leontief no final da década de 1930 (Bailey *et al.*, 2006). Leontief (1936) foi pioneiro na aplicação deste princípio no domínio da economia. Utilizou a análise input-output (IOA) para elucidar problemas económicos à escala nacional. As tabelas de input-output em que se baseia a IOA foram posteriormente associadas a coeficientes de poluição ambiental para determinar o impacto ambiental das mudanças no sistema económico (Duchin & Steenge, 1999). No entanto, os métodos físicos de AMF nos dias de hoje foram aplicados pela primeira vez por Wolman no final da década de 1960 (Wolman, 1965), em resultado da introdução de estudos de metabolismo para as cidades. Estes estudos foram posteriormente realizados em megacidades como Bruxelas e Hong Kong (Binder, 2007) e, mais recentemente, aplicados na otimização dos fluxos de materiais em parques eco-industriais em Kalundborg, Dinamarca (Heeres *et al.*, 2004).

Para começar, a teoria moderna da Análise do Fluxo de Materiais (AMF) ou Análise do Fluxo de Substâncias (AFS) foi originalmente desenvolvida por Baccini & Brunner (1991). Bergback *et. al* (2001) estudaram o fluxo de materiais de vários metais, como o cádmio e o crómio, em Estocolmo, na Suécia. O fluxo de Cuprum na Europa foi investigado por vários estudos através de um ciclo de vida desde a extração do metal bruto, passando pelo processamento e fabrico, até à gestão ou reciclagem de resíduos sólidos (Graedal *et.al.*, 2002; Spatari *et.al.*, 2002; Bertram *et.al.*, 2002). A análise do fluxo de substâncias centra-se em substâncias individuais. Estas estão relacionadas com um poluente específico que conduz à escassez de recursos. Os metais pesados e os nutrientes (orgânicos ou inorgânicos) estão entre as substâncias mais importantes na investigação que se correlacionam com a escassez de recursos. A SFA tem sido aplicada para rastrear poluentes através de bacias hidrográficas e regiões urbanas (Stigliani *et al.*, 1993; Lohm *et al.*, 1994) e para descrever o metabolismo de substâncias químicas específicas a nível nacional e internacional (Kleijn *et al.*, 1997; Van der Voet *et al.*, 2000; Spatari *et al.*, 2002). Estes estudos foram esforços contabilísticos que assentam em modelos estáticos, baseados em equações matriciais semelhantes às bases do IOA. A simulação ou modelação do comportamento dinâmico dos fluxos de materiais ou substâncias nos sistemas do ambiente humano permite a previsão e, por conseguinte, é mais útil num contexto de exploração do futuro ou de análise de cenários (Baccini & Bader 1996).

Um planeamento sensato dos resíduos e avaliações racionais dos problemas ambientais futuros é a disponibilidade de projecções razoáveis da utilização de materiais e da produção de resíduos (Andersen *et al.*, 2006). Brunner & Rechberger (2004) utilizaram a AFM para estudar o fluxo de recursos utilizados e transformados à medida que atravessam uma região. A AMF provou ser um instrumento adequado para a deteção precoce de problemas ambientais e o desenvolvimento de medidas adequadas nos países industrializados (Baccini & Bader, 1996). Os primeiros exemplos de aplicação foram demonstrados no planeamento da gestão de recursos a nível urbano e regional, no planeamento da gestão de resíduos e no desenvolvimento de sistemas de gestão ambiental em empresas (Baccini & Brunner, 1991). A AMF já foi integrada em zonas urbanas de países em desenvolvimento no domínio do saneamento ambiental (Binder, 1996; Belevi, 2002; Montangero *et al.*, 2004; Huang *et al.*, 2006).

Ayres (1978) sublinhou que o balanço material e energético é a base fundamental para o estudo da AMF. Os balanços materiais foram utilizados para estudar o metabolismo das cidades, especificamente a forma como as cidades mobilizam, "usam" e descartam materiais na década de 1960 (Wolman, 1965). Desde então, a AMF tem sido utilizada para compreender sistemas, tais como regiões densamente povoadas (Brunner & Baccini, 1992) e indústrias (Ayres & Ayres, 1978) em muitos países desenvolvidos. Na década de 1990, a teoria da AMF expandiu-se para duas actividades principais. Em primeiro lugar, a contabilidade dos custos do fluxo de materiais (CCFM), também conhecida como AMF económica, que se centra na imagem do metabolismo material global de uma sociedade com base em dados estatísticos. Em segundo lugar, a análise do fluxo de materiais ou substâncias (M/SFA), que se centra nos fluxos de materiais ou produtos químicos individuais em todos os tipos de sistemas (Bringezu *et. al.*, 1997). A contabilidade dos fluxos de materiais tornou-se uma atividade estabelecida em muitos países do mundo. A Agência de Estatística da União Europeia ou Eurostat (2011) publicou um guia metodológico que liga as contas da AMF às estatísticas oficiais. A ideia subjacente à contabilidade dos fluxos de materiais é representar o sistema económico em termos físicos e não monetários. Neste sentido, os termos físicos referem-se aos fluxos comerciais globais, mostrando uma diferença na base material dos países consumidores e produtores (países produtores e consumidores). As primeiras contas de fluxos de materiais a nível nacional foram apresentadas no início da década de 1990 para a Áustria (Steurer, 1992) e o Japão (Environment Agency Japan, 1992). Desde então, a AMF tem sido um domínio de interesse científico em rápido crescimento e foram envidados grandes esforços para harmonizar as diversas abordagens metodológicas desenvolvidas por numerosas equipas de investigação. A Ação Concertada, brevemente conhecida por ConAccount, financiada pela Comissão Europeia, esteve envolvida na harmonização das metodologias da AMF a nível internacional (Bringezu *et. al.*, 1997; Kleijn *et al.*, 1999). Outra organização, o World Resources Institute (WRI), publicou uma avaliação das entradas de materiais de quatro indústrias e diretrizes para definir indicadores de entrada de recursos (Adriaanse *et. al.*, 1997), saídas de materiais e também introduziu um estudo de indicadores de emissões (Matthews *et. al.*, 2000). Em termos de publicações, o EUROSTAT, um organismo da Comissão Europeia, publicou um guia metodológico sobre as contas de fluxos de materiais em toda a economia (EW-MFA) e indicadores económicos derivados (EUROSTAT 2001). Introduziram um sistema de contas e balanços nacionais de fluxos de materiais. Também fornece uma classificação pormenorizada dos diferentes materiais minerais, de biomassa e de importação, bem como dos tipos de emissões para a água e dos fluxos de materiais dissipativos.

A AMF avalia os fluxos e as existências de materiais num sistema definido no espaço e no tempo. Estabelece a ligação entre as fontes, os percursos e os sumidouros intermédios e finais de um material. Devido à lei da conservação da matéria, os resultados de uma AMF podem ser controlados por um simples balanço de materiais, comparando todas as entradas, existências, saídas e processos. Esta caraterística distinta da AFM torna o método adequado como ferramenta de apoio à decisão na gestão de recursos, gestão de resíduos e gestão ambiental (Brunner & Rechberger, 2004). Para atingir o objetivo de desenvolvimento sustentável, a AMF coloca a tónica em dois aspectos distintos: os bens e as substâncias. Os bens são uma unidade económica para determinar as quantidades, enquanto as substâncias determinam as qualidades ecológicas e dos recursos (Brunner & Rechberger, 2004). A AMF pode fornecer uma imagem holística da utilização e perda de recursos numa região geográfica num ano específico. Todos os fluxos de entrada, saída e existências de materiais/substâncias devem ser examinados nos seus percursos no sistema, desde a produção de resíduos, passando pelo seu tratamento, até à sua eliminação final ou deposição em aterro. Tornou-se uma ferramenta útil para a ecologia industrial (EI) analisar o metabolismo dos sistemas sociais, como países e regiões. Fehringer *et.al* (2004) definiram e aplicaram claramente a Análise do Fluxo de Substâncias (AFS) para obter o balanço de massas dos fluxos de bens e substâncias e dos processos de um sistema. A AMF pode ser definida no tempo (temporal) e no espaço (espacial/geográfico), tendo em conta a lei da conservação da massa e as alterações das existências. O sistema em questão pode ser um processo único ou uma ligação de vários processos (Brunner & Rechberger, 2004). No domínio da proteção do ambiente e da gestão dos recursos, a AMF estuda o fluxo dos recursos utilizados e transformados à medida que passam por uma região, através de um único processo ou através de uma combinação de vários processos (Brunner & Rechberger, 2004). Analisa o fluxo de diferentes materiais através de um espaço definido e num determinado período de tempo. Nos países industrializados, a AMF provou ser um instrumento adequado para o reconhecimento precoce de problemas ambientais e para o desenvolvimento de soluções para esses problemas. Por exemplo, fluxos e stocks de nutrientes e metais específicos a nível regional e global (Brunner & Baccini,1992; Belevi, 2002). Uma abordagem de AMF a nível económico mostra a inter-relação entre a economia e o ambiente, em que a economia é um subsistema integrado do ambiente dependente de um fluxo constante de materiais e energia (Eurostat, 2013; Liu, *et. al.*, 2009a; Weisz *et. al.*,2005). As matérias-primas, a água e o ar são extraídos do sistema natural como entradas, transformados em produtos e, finalmente, transferidos de volta para o sistema natural como saídas (por exemplo, resíduos e emissões). Para realçar a semelhança com os processos metabólicos naturais, foram introduzidos os termos metabolismo "industrial" (Ayres, 1989) ou "societal" (Fischer-Kowalski, 1998a). Numerosos estudos em diferentes domínios de investigação aplicaram a teoria da AMF. O método de análise do fluxo de materiais foi aplicado pela primeira vez para estudar o metabolismo ou a fisiologia das cidades (Wolman, 1965). Este estudo foi seguido por outros estudos em Bruxelas (Duvigneaud *et. al.*, 1975) (Figura 2.2) e Hong-Kong (Newcombe, 1978). Desde então, a AMF tem sido aplicada para compreender sistemas tais como regiões densamente povoadas em países desenvolvidos (Ayres, 1978; Brunner & Baccini 1992; Daxbeck *et. al.*, 1997 & Henseler, 1995). A AFM foi também aplicada para rastrear poluentes através de bacias hidrográficas ou regiões urbanas (Ayres & Simonis ,1992; Bergback *et. al.*, 1994; Van der Voet *et. al.*, 1994; Kleijn *et. al.*, 1994 & Frosch *et. al.*, 1997) e em países em desenvolvimento (Binder, 1996, Binder *et. al.*, 1997, Erkman & Ramaswamy, 2003). Foram estabelecidos fluxos nacionais e internacionais de cobre e zinco (Van der Voet, 1994; Spatari *et. al.*, 2003; Gordon *et. al.*, 2003 & Graedel *et. al.*, 2002).

Figura 2.2: Metabolismo urbano em Bruxelas, Bélgica, no início da década de 1970. (Duvigneaud &
Denaeyer-De S,1977).

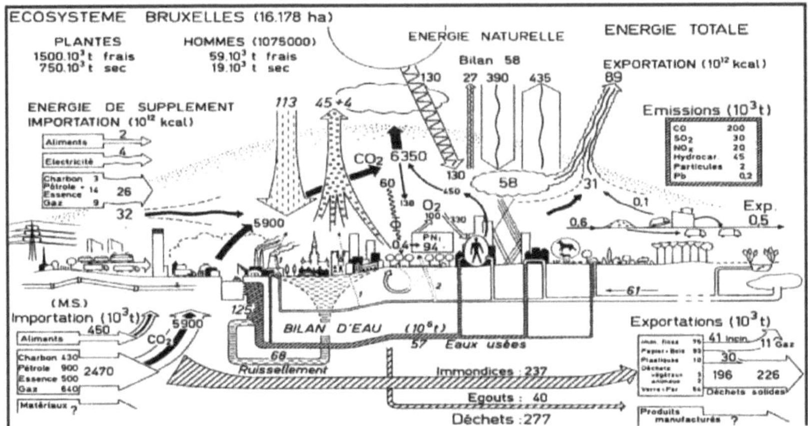

As figuras 2.2 combinam muitos tipos de representação num exemplo inicial de análise do metabolismo
urbano. Trata-se de um dos primeiros e mais completos estudos efectuados pelos ecologistas Duvigneaud e
Denaeyer-De Smet (1977). Inclui a quantificação da biomassa urbana e mesmo as descargas orgânicas de gatos
e cães. Incorpora fluxos ao estilo de Sankey e considera fluxos e stocks no sistema.

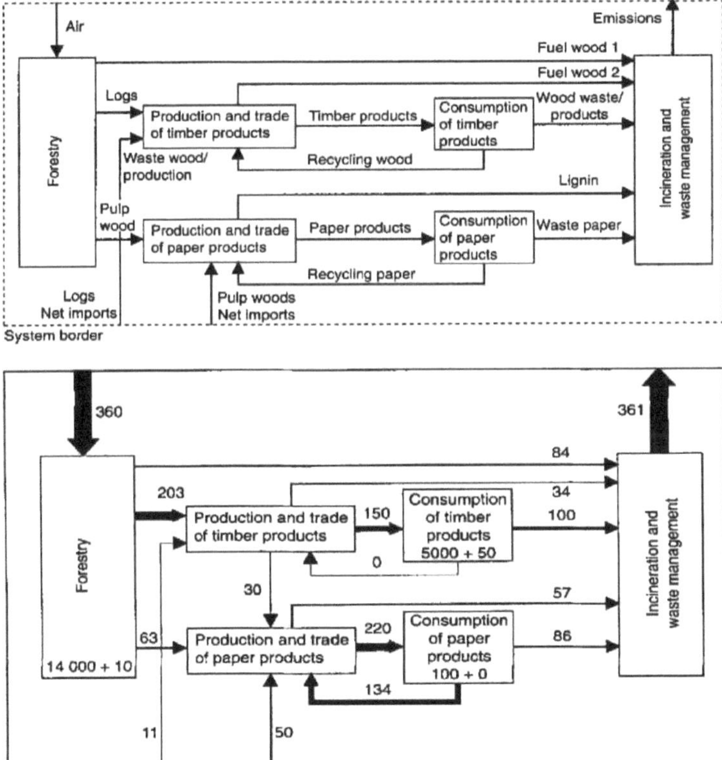

Figura Figuras 2..3: Exemplo de uma análise do metabolismo urbano na gestão florestal (Duvigneaud &

Denaeyer-De Smet,1977).

Também foram estabelecidos fluxos nacionais e internacionais de metais não ferrosos, por exemplo cobre e zinco (Spatari *et. al.*, 2003 & Graedel *et. al.*, 2002). Estes estudos baseiam-se numa modelização dinâmica que é necessária para a previsão de fluxos e stocks futuros. Os objectivos da AMF estão, antes de mais, relacionados com o reconhecimento precoce de acumulações e depleções potencialmente nocivas ou benéficas das unidades populacionais, bem como com a previsão de futuras cargas ambientais (SOCOPSE, 2009). A minimização do aumento ou da acumulação de substâncias poluentes pode ser alcançada através da definição de prioridades no que respeita à conceção de sistemas que promovam a proteção do ambiente, a conservação dos recursos ou as opções de gestão dos resíduos (Brunner & Rechberger, 2004). No projeto SOCOPSE (Source Control of Priority Substances in Europe), os MFA são utilizados para descrever as fontes europeias, o influxo e o efluxo no ambiente de substâncias prioritárias selecionadas, incluindo o mercúrio (Hg), o cádmio (Cd), o benzeno e os hidrocarbonetos aromáticos policíclicos (PAH) (SOCOPSE, 2009). O sistema AMF foi adaptado em várias indústrias, por exemplo, na indústria do alumínio (Bertram *et. al.*, 2009), no fluxo de fósforo no Japão relativamente à indústria do ferro e do aço (Matsubae *et. al.*, 2009), no fluxo de azoto e fósforo nos resíduos urbanos na Finlândia (Laura *et. al.*, 2004). O método foi também aplicado à gestão da qualidade da água dos rios na Europa, numa bacia hidrográfica suíça (Brunner *et. al.*, 1990); e à escala transnacional para a bacia do Danúbio (Somlyody *et. al.*, 1997). Revelaram-se um instrumento valioso para o reconhecimento precoce de problemas ambientais e para a avaliação de soluções para esses problemas. Schaffner *et al.* (2006) também efectuaram um estudo de AMF para avaliar os problemas de qualidade da água dos rios e as medidas de mitigação na bacia do rio Tha Chin, na Tailândia. Belevi (2002), Huang *et. al.*, (2005) e Montangero *et. al.*, (2006) aplicaram a AMF para resolver problemas ambientais urbanos nos países em desenvolvimento no contexto da gestão dos resíduos urbanos e do saneamento no Gana, em Kunming e no Vietname, respetivamente. Um estudo semelhante foi realizado por Huang *et al.*, (2007) no sistema de águas urbanas da cidade de Kunming, na China, para avaliar a atual eficiência do tratamento de águas residuais. A AMF é utilizada para avaliar o fluxo de nutrientes em fossas sépticas para melhorar o sistema de saneamento público em Hanói, Vietname (Montangero *et. al.*, 2006 &

Montangero & Belevi, 2008). Permite simular novos conceitos de saneamento ambiental, que podem ser avaliados pela sua carga de nutrientes para o ambiente, poupança ou recuperação de nutrientes, por exemplo, através da reutilização de resíduos urbanos na agricultura (Montangero & Belevi, 2007; Montangero *et. al.*, 2006). A AMF é, portanto, um método fiável que pode contribuir para o desenvolvimento de novos conceitos de saneamento ambiental nos países em desenvolvimento (Binder, 1996; Belevi, 2002). Esta aplicação teve resultados na criação de conceitos de monitorização para reconhecer precocemente a procura de recursos e os impactos ambientais e avaliar o efeito das medidas técnicas na mitigação desses impactos (Binder *et. al.*, 1997). Binder & Patzel (2001) aplicaram a AFM para descrever os fluxos de carbono em resíduos orgânicos entre as áreas rurais e urbanas do município de Tunja, Colômbia, e estimaram o efeito da reutilização de resíduos na matéria orgânica do solo. A AMF foi também aplicada na cidade (zona urbana e suburbana) de Kumasi, no Gana, para estimar o volume das necessidades de azoto e fósforo no sector agrícola (Belevi, 2002). A gestão dos nutrientes começa por avaliar a origem dos nutrientes, seguida das vias de fluxo de massa existentes e da exploração de alternativas para direcionar os fluxos de nutrientes, a fim de facilitar a utilização dos nutrientes na agricultura (Larsen & Boller, 2001). Brunner (2009) considerou a AMF como uma gestão estratégica de recursos para os nutrientes fósforo, azoto e ferro. Evidentemente, a AMF provou ser uma ferramenta útil e adequada para a gestão da qualidade da água dos rios. Com base em estimativas, a abordagem fornece uma visão geral dos problemas de poluição e das respectivas soluções num sistema fluvial, permitindo identificar as principais fontes e vias de poluição e determinar as prioridades de atenuação com uma boa relação custo-eficácia (Montangero *et. al.*, 2006). Em menor escala, os fluxos de materiais e substâncias foram estudados numa unidade de compostagem por leira que trata resíduos de jardim em Aarhus (Dinamarca) (Andersen *et. al.*, 2010). Graedel (2004) estuda o fluxo e o stock de metais (crómio e cobre) a nível regional nos EUA, Japão e África do Sul. Binder (2005) estudou os fluxos de elementos das zonas urbanas e rurais na Suíça. O método AMF foi utilizado para determinar as potencialidades e os desafios de uma gestão sustentável dos solos. Hiroshi (2008) desenvolveu um modelo dinâmico de fluxo de substâncias de zinco no Japão com base no consumo passado e na distribuição ao longo da vida que justifica o esgotamento dos recursos em stocks de zinco a nível nacional. Na Polónia e na Áustria, o estudo do fluxo de plásticos foi realizado já em 1997 (Bogucka & Brunner, 2007, Bogucka *et. al.*, 2008, Fehringer & Brunner, 1997, Rechberger, 2008). A análise dos resíduos de equipamentos eléctricos e electrónicos (REEE) também foi estudada utilizando tanto a AFM como a ACV na Suíça (Morf 2008; Morf & Tremp 2005; Morf 2006). Os resultados da AFM foram depois disponibilizados numa base de dados para os níveis de concentração e incerteza nos REEE para 2003 (Morf & Tremp, 2005). O resultado foi um conjunto de dados fiáveis que são construídos a nível regional para a Suíça e outros países europeus. Danius (2002) identificou a incerteza dos dados na AMF como um obstáculo a uma utilização mais alargada do método, nomeadamente como instrumento de decisão política. Esta questão é ainda mais importante no contexto dos países em desenvolvimento, onde a disponibilidade e a fiabilidade dos dados são baixas e os recursos para a recolha de dados são limitados (disponibilidade de equipamento de laboratório, pessoal de laboratório formado, recursos financeiros e humanos). Montangero & Belevi (2006a) descrevem métodos simples que podem ser utilizados em caso de dados limitados para avaliar os fluxos de nutrientes em opções de saneamento comuns nos países em desenvolvimento: fossas sépticas, latrinas de fossa e latrinas com separação de urina. Estes métodos serão utilizados para desenvolver e calibrar um modelo mais amplo para avaliar os fluxos de água e nutrientes no sistema de saneamento ambiental de Hanói, Vietname. Seelsaen *et al.*, (2007) realizaram SFA sobre o cobre no escoamento de águas pluviais em Sydney, Austrália. Foi também efectuado um estudo semelhante de AMF a nível regional sobre o fluxo de fósforo agrícola e os seus impactos ambientais na China (Chen *et. al.*, 2008). Daniels (2002) utilizou a abordagem AMF como ferramenta crítica na conceção e implementação de estratégias de ecologia industrial para uma maior ecoeficiência. Outra vantagem é que se pode demonstrar que a AMF abrange vastas áreas de atividade económica e minimiza os impactos ambientais da atividade humana. Wittmer (2005) tentou modelar os fluxos de água e de materiais de azoto (N) e de fósforo (P) da aquicultura fresca na Tailândia utilizando a AMF. Rotter *et al.*, (2004) utilizaram o AFM para avaliar as possibilidades de modificar as caraterísticas químicas dos combustíveis derivados de resíduos (CDR) que são processados a partir de resíduos domésticos residuais. Elfin (2006) integrou a abordagem da ACV e da AMF para avaliar o consumo de recursos e a estimativa dos impactes ambientais em universidades dos EUA. Os resultados permitem aos decisores do campus concetualizar a pegada ecológica do campus (Elfin, 2006). Kay (2002) efectuou uma AMF na rede logística pública para melhorar muitas caraterísticas associadas aos armazéns públicos em toda a cadeia de abastecimento no sudeste dos EUA. Em 2008, a OCDE (Organização para a Cooperação e o Desenvolvimento Económico) publicou uma série de 4 documentos sobre a medição dos fluxos de materiais e da produtividade dos recursos, que foram preparados com base num vasto processo de consulta entre os peritos dos Estados membros da OCDE e consultores internacionais (OCDE, 2008a; OCDE, 2008b; OCDE, 2008c; OCDE, 2008d).

2.2 Progressos no estudo da análise do fluxo de materiais

Uma definição abrangente de AMF fornecida pela Organização para a Cooperação e Desenvolvimento Económico (OCDE) é a seguinte

"O estudo dos fluxos físicos de recursos naturais e materiais que entram e saem de um determinado sistema (geralmente a economia). Baseia-se no método da contabilidade organizada em unidades físicas e utiliza o princípio do balanço de massas para analisar as relações entre os fluxos de materiais (incluindo a energia), as actividades humanas (incluindo a evolução económica e comercial) e as alterações ambientais".

A massa de entradas num processo, indústria ou região equilibra a massa de saídas como produtos, emissões e resíduos, mais qualquer alteração nas existências. Quando aplicado de forma sistemática, este conceito simples e direto de equilibrar a utilização dos recursos com as saídas pode fornecer uma metodologia abrangente para analisar o fluxo de recursos (Figura 2.4).

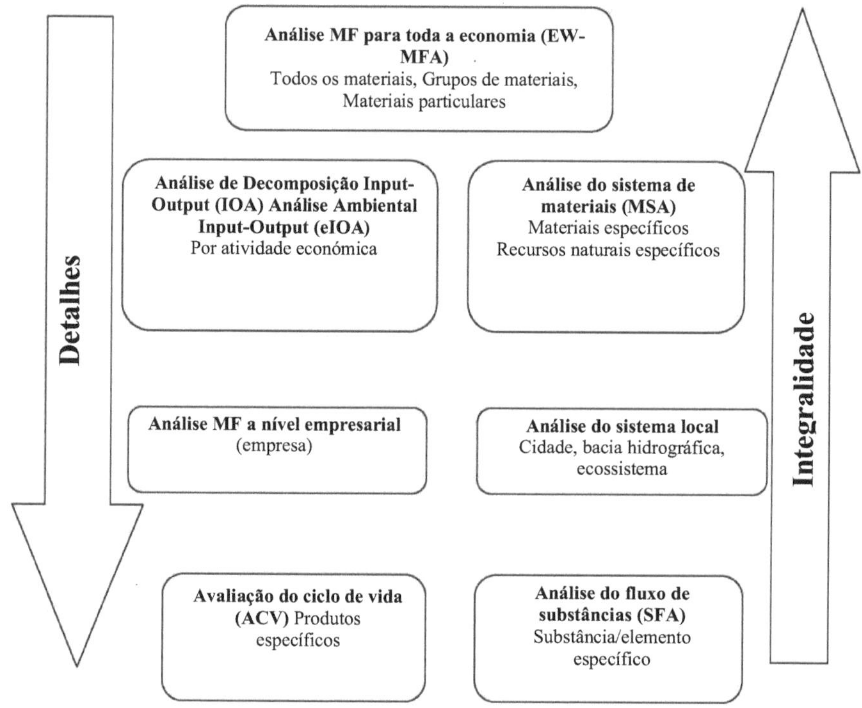

Figura 2.4: Uma família de ferramentas polivalentes e arquitetura global da AMF e ferramentas conexas (OCDE, 2008a).

A AMF pode ser utilizada para estudar as leis do metabolismo dos materiais através da análise da relação entre os fluxos de materiais, o consumo de recursos e o desenvolvimento socioeconómico (OCDE, 2008b). Os progressos registados na AMF são descritos a três níveis, como se segue:

1) Nível nacional (Quadro 2.6)
2) Nível regional (Quadro 2.7)
3) Nível industrial (Quadro 2.8)

O termo AMF designa, por conseguinte, uma família de instrumentos que inclui uma variedade de abordagens analíticas e de instrumentos de medição. Estas ferramentas variam em termos de âmbito, desde a análise económica até à análise específica de substâncias ou produtos e à análise de entradas-saídas (OCDE, 2008b; OCDE, 2008c). Cada tipo de análise está associado a contas da AMF ou a outros instrumentos de medição e pode ser utilizado para obter vários tipos de indicadores. (OCDE, 2008b). Um estudo de fluxos de materiais pode abranger qualquer conjunto de materiais a várias escalas e níveis de pormenor e exaustividade. (OCDE (2008b) sublinhou 3 categorias-chave como segue :

1) Todos os materiais que entram e saem da economia nacional
2) A nível do sector, da empresa e do produto, desde os grupos de produtos até aos produtos específicos
3) Certos materiais e substâncias, desde o nível nacional até ao nível local.

Os estudos teóricos recentes sobre a AMF/AMS forneceram uma definição do conceito (Bringezu, 2003; Brunner e Ma, 2008), um quadro de investigação, a formulação de procedimentos e indicadores (Lassen & Hansen, 2000; Udo de Haes *et. al.*, 1997), métodos de classificação (Kleijn & Van Der Voet, 2001), a conceção de modelos (Bouman *et. al.*, 2000) e o desenvolvimento de software AMF (Cencic, 2006; Liu *et al.*, 2009).

Quadro 2.6: Resumo do estudo da AMF a nível nacional.

Ano	A área de estudo	Referência
1992-1993	Principais fluxos de materiais da Áustria, Japão e Alemanha	Steurer, 1992; EAJ, 1992; Schutz & Bringezu, 1993
1997 - 2000	As respectivas entradas e saídas de materiais dos Estados Unidos da América (EUA), Japão, Áustria, Alemanha e Países Baixos	Adriaanse *et. al.* 1997; Mathews *et. al.* 2000
2000	Dinamarca	Gravgaard, 2000
2000	Finlândia, Suécia	Muukkonen, 2000; Isacsson & Jonsson 2000
2000	Reino Unido (UK)	Schandl & Schulz, 2000
2000	Polónia	Schqtz & Weifens, 2000
2000-2001	China	Chen & Qiao, 2000; Chen & Qiao, 2001; Chen *et.al*, 2003 ; Liu *et.al.*, 2005; Wang *et. al.*, 2005; Li, 2004 Li, 2005; Xu & Zhang, 2005; Liu *et.al.*, 2009; Duan, 2009
2001	Itália	Marco *et. al* 2001
2003	República Checa	Milan *et. al* 2003
2004	O estudo comparativo global das necessidades de materiais e da entrada de materiais diretos de 11 países e regiões, incluindo a Finlândia, a Alemanha, a Itália, os Países Baixos, o Reino Unido, a Polónia, a UE-15, os EUA, o Japão e a China.	Bringezu *et. al.* 2004
2006	Portugal	Niza & Ferr~ao, 2005
2006	Comparação entre países e determinantes do consumo de materiais nos 15 membros da União Europeia, incluindo Áustria, Bélgica, Luxemburgo, Dinamarca, Finlândia, França, Alemanha, Grécia, Irlanda, Itália, Países Baixos, Portugal, Espanha, Suécia, Reino Unido	Weisz *et. al.*,2005

| 2007 | Singapura | Schulz, 2007 |
| 2008 | Comparação dos fluxos de recursos do Chile, Equador, México e Peru | Russi *et. al.* 2008 |

Quadro 2.7: Resumo do estudo da AMF a nível regional.

Nação	Ano	Área de estudo	Método	Referência
Suíça	1991	A cidade de St. Gallen	Classificação e estatísticas dos dados relativos ao consumo de materiais	Tao, 2003
Espanha	2002	O total de materiais da região de B asque	Um modelo baseado nas diretrizes da UE	IHOBE, 2002
	2007	Uma zona industrial na Catalunha	Um quadro baseado nas orientações da UE, com alguns complementos	Sendra, 2007
Alemanha	2003	O sistema económico-ambiental de Hamburgo	Orientações da UE	Hammer *et. al.*, 2003
Canadá	2003	A área da Grande Toronto no Canadá	Um quadro baseado no metabolismo urbano	Sahely *et. al.*, 2003
Japão	2008	Prefeitura de Aichi	Tabela de entradas e saídas	Tachibana *et.al.*, 2008

Nação	Ano	Área de estudo	Método	Referência
China	1986 1988	A cidade de Tangshan, A cidade de Dali	Classificação e estatística dos materiais	Cui *et. al.*, 1986; Du, 1988
	2001	Hong Kong	Um quadro baseado no metabolismo urbano	Warren-Rhodes, 2001
	2004 2009	As cidades de Guiyang, Tianjin, Xangai, Qingdao, Xiamen, Handan, as províncias de Shanxi, Guangdong, Liaoning e Jiangsu. A comparação de 19 cidades principais	Modelos construídos de acordo com as diretrizes da UE, com alguns ajustamentos necessários de acordo com as situações reais	Xu *et. al.*, 2004; Liu *et. al.*, 2006; Huang & Zhu, 2007; Qian *et. al.*, 2009; Wei & Zhu, 2009; Lou, 2007; Zhang & Lei, 2006; Zhang *et. al.*, 2007; Xu *et. al.*, 2008; Zhang *et. al.*, 2009; Li *et. al.*, 2007
	2006	A cidade de Yima	Um quadro físico tridimensional de entradas e saídas	Xu & Zhang, 2006
	2009	A cidade de Pequim	Uma tabela física de entradas e saídas	Zhang *et. al.*, 2009b

Quadro 2.8 : Resumo do estudo da AMF a nível industrial.

Nação	Ano	Área de estudo	Método	Referência
Estados Unidos da América (EUA)	2003-2007	Stocks e fluxos de cobre, zinco, ferro e aço, níquel, prata e outros metais em diferentes níveis, Fluxos de materiais de duas estações de trabalho na Antárctida.	Modelo de stocks e fluxos (STAF) tendo em conta os ciclos de vida de cada metal.	Graedel *et. al.*, 2004 ; Graedel *et.al*, 2005 ; Gordon, 2006; Müller, 2006; Drakonakis, 2007; Rostkowski *et. al.*, 2007; Van Beers & Graedel, 2003; Klee, 2005
	2007	Mercúrio em produtos nos EUA	Modelo de Análise do Fluxo de Substâncias (SFA) baseado no ciclo de vida.	Cain *et. al.*, 2007

	2007	Fluxos de materiais de chumbo e cádmio	Matriz física de entradas e saídas.	Hawkins *et. al.*, 2007
	2008	As existências e os fluxos de cimento nos EUA	Um modelo dinâmico de fluxo de substâncias	Kapur, 2008
Japão	2002-2006	Os resíduos do aparelho	O modelo de entrada-saída de resíduos , Análise do custo do ciclo de vida	Nakamura & Kondo, 2002; Kondo & Nakamura, 2004; Nakamura & Kondo, 2006
	2004	O recurso madeira	Vários indicadores de AMF	Hashimoto *et. al*, 2004
	2005,2009	Aço inoxidável	Análise dinâmica do fluxo de materiais	Igarashi *et. al.*, 2005; Daigo *et. al.*, 2009
	2007	Metais de base	Quadros físicos de entradas e saídas	Nakamura *et. al.*, 2007

Nação	Ano	Área de estudo	Método	Referência
O Países Baixos	2009	Cobre e ligas à base de cobre	Análise dinâmica de stocks e fluxos de materiais	Daigo *et. al.*, 2009
	2000	Políticas do metal nos Países Baixos	Combinação de um modelo de equilíbrio geral aplicado e de um modelo de fluxo de materiais	Dellink & Kandelaars, 2000
	2000	O fluxo de papel e madeira nos Países Baixos, O fluxo de plástico nos Países Baixos	A Investigação Estatística para Análise de Fluxos de Materiais (STREAMS)	Hekkert *et. al.*, 2000; Joosten *et. al.*, 2000
	2005	Metabolismo das famílias nos países e cidades europeus.	Um modelo metabólico familiar	Moll *et. al.*, 2005

Nação	Ano	Área de estudo	Método	Referência
Suíça	2004	Gestão regional da madeira em Appenzell Ausserrhoden	A integração da análise do fluxo de materiais e da análise de agentes	Binder *et. al.*, 2004

	2004	A cadeia de produção alimentar	AMF economicamente alargada	Kytzia *et. al.*, 2004
	2007	Gestão do fluxo de materiais	Abordagens de modelização das ciências sociais associadas à AMF	Binder, 2007a; Binder, 2007b
Unidos Reino Unido	2000	O sector siderúrgico do Reino Unido	Uma análise histórica dos materiais e dos fluxos de energia e uma análise de cenários	Michaelis & Jackson, 2000a; Michaelis & Jackson, 2000b
	2007	A cadeia de abastecimento de ferro e aço no Reino Unido	Um modelo de análise do fluxo de materiais dependente do tempo	Geyer *et.al.*, 2007
	2008	O consumo doméstico local no Reino Unido	Modelo de análise de recursos de área local	Druckman *et.al.*, 2008
Suécia	1995	Fluxos anuais de materiais do transporte de mercadorias na Suécia	Um modelo de fluxo de transporte	Hunhammar, 1995
	2006	Consumo de alimentos e fluxos de nutrientes na cidade de Linkoping	Identificação e estatísticas dos fluxos no interior dos sistemas e das emissões	Neset *et. al.*, 2006

País	Ano			
Índia	2001	MFA na remota ilha tropical de Trinket	Um quadro baseado no metabolismo socioeconómico	Singh *et.al.*, 2001
	2005	Os resíduos de equipamentos eléctricos e electrónicos (REEE) na cidade de Deli	Uma AMF baseada em processos	Porte *et. al.*, 2005
	2006	Os fluxos de materiais plásticos	Um quadro baseado no ciclo de vida	Mutha *et. al.*, (2006)
Finlândia	2001	O sistema do sector florestal finlandês	Modelo de fluxo de materiais e energia	Korhonen, 2001
	2007	O fuxico da comida finlandesa	Um modelo alargado de entradas e saídas	Risku-Norjaa & Mäenpääb, 2007
Áustria	2003	Família austríaca	Quadros físicos de entradas e saídas	Tao, 2003
Austrália	2007	Cádmio na Austrália	Uma análise do fluxo de substâncias	Kwonpongsagoon, 2007

Quadro 2.8 : Resumo do estudo da AMF a nível industrial (Cont.)

Nação	Ano	Área de estudo	Método	Referência
Noruega	2009	Redes de condutas de águas residuais de Oslo	Combinado MFA-LCA	Venkatesh, 2009
China	1983	Fluxos de ferro, titânio e vanádio na cidade de Dukou	Um modelo baseado nos ciclos de vida de cada modelo	Chen *et. al.*, 1983
	2000-2009	Indústria do ferro e do aço, Indústria do chumbo, Reciclagem do cobre, Minerais, Indústria do cimento em Pequim, Indústria automóvel, Sistema de metabolismo do fósforo, Indústria da construção, Transportes rodoviários	Quadros baseados nas diretrizes da UE de acordo com os ciclos de vida dos materiais	Lu, 2002; Mao et.al., 2007; Yue & Lu, 2006; Zhang, 2005; Du & Cai, 2006; Cai *et. al*, 2006; Cai *et.al.*, 2008; Chen *et. al.*, 2005; Shi, 2006; Liu & Chen, 2006; Chen & Zhang, 2005; Wen *et. al.*, 2009; Wang *et.al.*, 2009
	2003	Construção urbana de Taipei	Identificação de materiais e indicadores de quadros	Huang & Xu, 2003
	2004	Combustíveis fósseis	Estatísticas das necessidades materiais	Xu & Zhang, 2004
	2006	Projectos públicos	Modelo de seguimento do fluxo de materiais	Shen *et. al.*, 2006

2.3 Aplicação da Análise de Fluxo de Materiais na Gestão de Resíduos Sólidos Urbanos (RSU).

A AFM é uma ferramenta adequada para apoiar decisões relativas à gestão de resíduos, uma vez que as quantidades e a composição dos resíduos não estão frequentemente disponíveis. A AFM permite calcular a quantidade e a composição dos resíduos. Isto foi efectuado através do balanço de massas do processo de produção de resíduos ou do processo de tratamento de resíduos. De um modo geral, a AFM é utilizada na gestão de resíduos através da modelação das composições elementares dos resíduos e da avaliação da gestão ou do desempenho dos materiais em instalações de reciclagem, compostagem ou tratamento de águas residuais. [st]Uma contribuição distinta de Brunner (2012) e Moriguchi (2003) foi que o principal objetivo da gestão moderna de resíduos no século XXI é estabelecer ciclos limpos em que os recursos são conservados (materiais, energia e terra). Por conseguinte, pode surgir um conceito conhecido como "sociedade de materiais sólidos". Em segundo lugar, a deposição em aterro pode atuar como um método para alcançar sumidouros finais em que não há exportação de materiais a longo prazo e em que a conservação de massa terá lugar após o encerramento do aterro sanitário (Brunner, 2012).

Jung et al. (2006) efectuaram um estudo exaustivo para identificar o fluxo de metais num sistema de gestão de resíduos sólidos urbanos (RSU). Na Áustria, o recente SFA sobre chumbo, mercúrio e cobre, por exemplo, compara os fluxos e as existências destes metais pesados na economia austríaca (Spatari et. al., 2003). Foi dada especial ênfase à simulação dos fluxos de metais pesados no sector dos resíduos e nos fluxos de materiais reciclados. Relativamente à Áustria, a Statistik Austria preparou séries cronológicas da base de dados da AMF para o período de 1960 a 2005 e publicou-as para os seis grupos de materiais seguintes, nomeadamente biomassa e produtos da biomassa, metais e concentrados (metais transformados), minerais não metálicos (primários e transformados), vectores de energia fóssil (primários e transformados) e resíduos importados para tratamento e eliminação final (Petrovic, 2007). O trabalho relacionado com a AMF é efectuado por agências locais de gestão de resíduos em Zurique, Genebra, St. Gallen e Thurgau e por institutos de investigação como o Instituto Federal Suíço de Tecnologia em Zurique e Lausanne (Binder, 1996).

Nicolas & Agata (2012) tentam mapear a gestão de resíduos numa cidade urbana de Adis Abeba, na Etiópia, onde a investigação é mais qualitativa do que quantitativa (Figura 2.5). No entanto, é importante destacar a essência do estudo de alguns fluxos de materiais conhecidos e desconhecidos (ou suspeitos) no processo de urbanização da cidade.

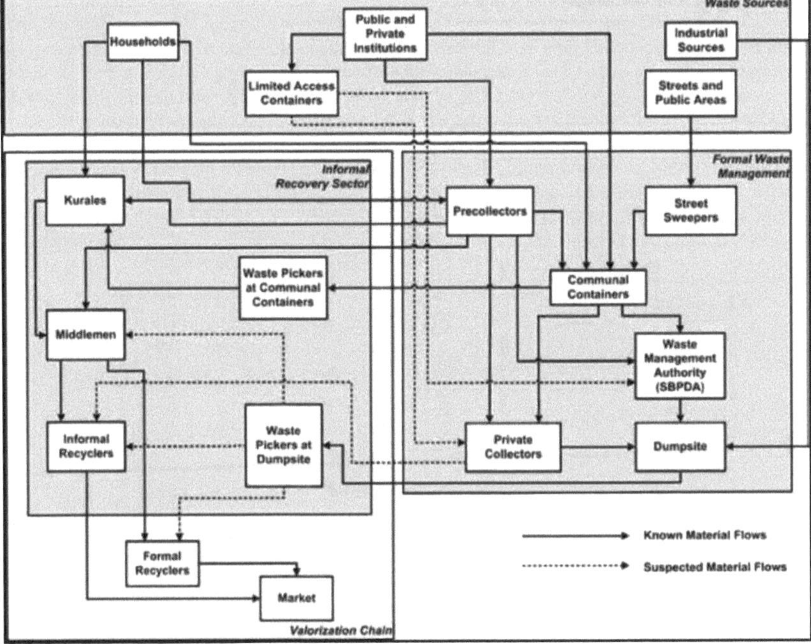

Figura 2.5: Gestão de resíduos numa cidade urbana Adis Abeba, Etiópia. (Nicolas &

Agata, 2012).

2.4 O aterro como sumidouro

Ao longo da história, muitas cidades enfrentaram o problema da limitação dos sumidouros dos seus resíduos (Brunner & Kral, 2010). Um dos principais impulsionadores desta visão metabólica das cidades foi Abel Wolman, que afirma na sua famosa publicação "O Metabolismo das Cidades":

"... a necessidade de sumidouros, onde os materiais possam ser eliminados de forma adequada, ou seja, sem pôr em perigo o ambiente" (Wolman, 1968)

[th]Durante o século XIX, tornou-se do conhecimento geral que uma cidade saudável necessita de um sistema de recolha e tratamento de águas residuais e, no século XX, esses sistemas foram criados em todas as cidades do mundo. (Wolman, 1968) salientou que, sem a existência de sumidouros adequados, o sistema ambiental poderia eventualmente ficar sobrecarregado pela produção das actividades urbanas. Atualmente, com uma população humana global superior a 10 milhões de pessoas e um volume de negócios de materiais superior a 200 toneladas per capita por ano, coloca-se a questão de saber se sistemas metabólicos tão intensos são limitados pela disponibilidade de sumidouros na água, no ar e no solo (Brunner & Kral, 2010). A avaliação integral de todos os fluxos de substâncias de uma cidade ao longo do tempo, provenientes de todas as emissões, incluindo a utilização de materiais, a acumulação e o esgotamento de materiais na água, no ar e no solo têm de ser tidos em conta.

Tarr (1996) referiu que o termo "sumidouro" é um conceito vago, apesar da excelente literatura existente até hoje sobre esta questão. Assim, as definições das expressões "sumidouro" e "sumidouro final" devem ser melhoradas, a fim de as tornar operacionais para a proteção do ambiente, o planeamento urbano e a gestão dos recursos. Os fluxos antrópicos de vários elementos da tabela periódica ultrapassam os fluxos geogénicos (Klee e Graedel, 2004), o que indica que as actividades antropogénicas interferem com os processos naturais em grande escala. É necessário investigar na medida em que esta interferência conduz a concentrações elevadas na água, no ar e no solo.

Brunner & Kral (2010) acrescentaram uma explicação de que o "sumidouro" de um fluxo de materiais de uma cidade pode ser uma correia transportadora, como a água ou o ar, que transporta materiais para fora dos limites da cidade. Estes materiais podem sofrer uma transformação, como um incinerador que mineraliza completamente as substâncias orgânicas, e também podem ser um processo de armazenamento, como um aterro sanitário onde as substâncias

são eliminados. Por outro lado, Brunner & Kral (2010) colocaram a hipótese de que um "sumidouro final" designa um local no planeta onde uma determinada substância tem um tempo de residência superior a 10 000 anos. Pode tratar-se de uma mina de sal subterrânea, de um sedimento oceânico ou de um local do globo onde os processos de sedimentação prevalecem sobre os processos de erosão. No caso das substâncias orgânicas, um "sumidouro final" pode também ser um processo de transformação ou de mineralização.

O aterro é um sistema dinâmico em que diferentes parâmetros influenciam as emissões do corpo do aterro ao longo do tempo e durante o encerramento (Belevi & Baccini,1989; Heyer e Stegmann, 1997). As emissões diminuirão a um ritmo constante, uma vez que as reacções em termos de processos físicos e químicos continuam a ocorrer durante o período de pós-tratamento (Laner, *et. al.,* 2010). Mesmo durante o período de pós-tratamento, não há entrada no sistema de aterro. Um aterro sanitário pode ser considerado como um Reator de Tanque Agitado Contínuo (CSTR) cheio de resíduos (Cossu, 2004) (Figura 2.6).

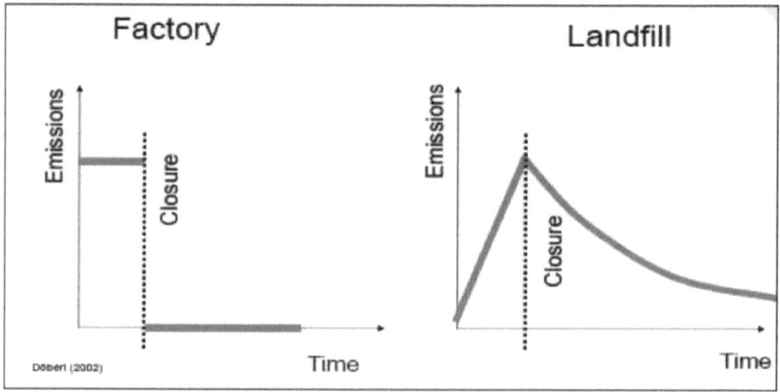

Figura 2.6: Comparação de dois sistemas (fábrica e aterro) em função do tempo (Cossu, 2004).

A comparação entre o modelo de aterro sustentável (emissões toleráveis num prazo de 30 anos) e um cenário de aterro tradicional em teoria é apresentada na Figura 2.7. Deste ponto de vista, o balanço de massas pode ser uma ferramenta adequada para estudar as emissões a longo prazo. Pode ser aplicado em pequena escala a diferentes modelos de aterros e os resultados obtidos podem ser utilizados em avaliações à escala real.

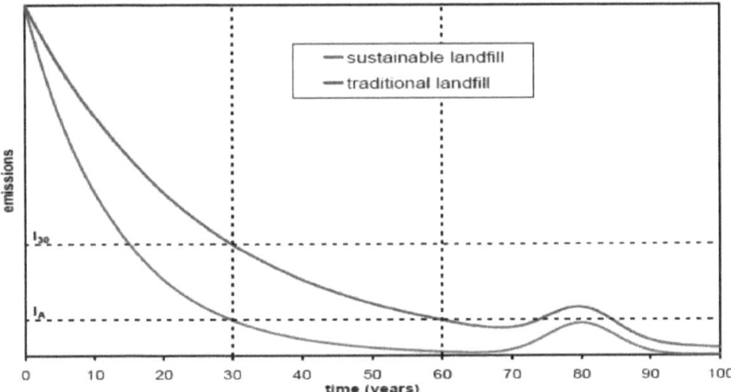

Figura 2.7: Comparação entre o modelo de aterro sustentável (emissões toleráveis num prazo de 30 anos) e um cenário de aterro tradicional (Cossu *et. al*, 2005).

A quantidade e a qualidade das emissões são determinadas por quatro factores principais, nomeadamente a entrada de resíduos (composição), a quantidade de água infiltrada, as condições físico-químicas e o padrão do fluxo de água (distribuição da humidade) (Cossu *et. al*, 2005; Cossu, 2004) .

A reciclagem é uma estratégia adequada para minimizar o consumo de recursos e, consequentemente, a necessidade de sumidouros durante a extração, produção, consumo e eliminação de resíduos. No entanto, a) a perda de substâncias durante a reciclagem não pode ser completamente evitada devido a razões termodinâmicas e b) a maioria das substâncias tem de ser eliminada num sumidouro final após o "último ciclo possível". Por conseguinte, uma sociedade moderna baseada na utilização circular dos materiais necessitará de sumidouros.

2.5 Resíduos e alterações climáticas

Os resíduos contêm material orgânico, como alimentos, papel, madeira e aparas de jardim. Quando os resíduos são depositados num aterro, os micróbios começam a consumir o carbono da matéria orgânica, o que provoca a sua decomposição. Nas condições anaeróbicas dos aterros, as comunidades microbianas contêm bactérias produtoras de metano. À medida que os micróbios decompõem gradualmente a matéria orgânica ao longo do tempo, o metano (aproximadamente 50%), o dióxido de carbono (aproximadamente 50%) e outras quantidades vestigiais de compostos gasosos (< 1%) são gerados e formam o gás de aterro (ISWA White Paper, 2009). Nos aterros sanitários controlados, o processo de enterrar os resíduos e cobrir regularmente os depósitos com um material de baixa permeabilidade cria um ambiente interno que favorece as bactérias produtoras de metano. Em qualquer sistema ecológico, as condições óptimas de temperatura, humidade e fonte de nutrientes (ou seja, resíduos orgânicos) resultam numa maior atividade bioquímica e também numa maior produção de gás de aterro. As emissões de gases com efeito de estufa provenientes dos RSU surgiram como uma grande preocupação, uma vez que se estima que os resíduos pós-consumo sejam responsáveis por quase 5% (1.460 Mt CO2 eq) do total das emissões globais de gases com efeito de estufa (Banco Mundial, 2012). O metano proveniente dos aterros representa 12% do total das emissões globais de metano (EPA 2006b). Os aterros são responsáveis por quase metade das emissões de metano atribuídas ao sector dos resíduos urbanos em 2010 (IPCC, 2007).

Em termos de comunicação das emissões dos aterros, o Painel Intergovernamental sobre as Alterações Climáticas (IPCC) estabeleceu uma convenção internacional para não comunicar o CO2 libertado devido à decomposição em aterro ou à incineração de fontes biogénicas de carbono (PNUA, 2010). Para as metodologias de contabilização, o carbono biogénico é contabilizado no sector "uso do solo/alteração do uso do solo e silvicultura" (LULUCF) (IPCC, 2006). Por conseguinte, no que respeita aos aterros, apenas são comunicadas as emissões de metano, expressas em toneladas de equivalente de CO2 (1 tonelada de metano é expressa em 25 toneladas de CO2-eq). Na prática, as emissões de metano dos aterros não são medidas com exatidão, sendo mais uma estimativa para efeitos de comunicação (IPCC, 2006) (Quadro 2.9)

Tabela 2.9: Potencial de aquecimento global (GWP) para um determinado horizonte temporal (Forster *et. al.*, 2007).

GEE	PAG 20 anos (kg CO2-e)	GWP (IPCC 2007) 100 anos (kg CO2-e)	GWP 500 ano (kg CO2-e)
Dióxido de carbono (CO2)	1	1	1
Metano (CH4)	72	25	7.6
Óxido nitroso N2O	289	298	153

Numerosos estudos sobre aterros sanitários demonstraram que a decomposição gradual do carbono armazenado num aterro gera emissões mesmo após o encerramento do aterro. Isto deve-se ao facto de as reacções químicas e bioquímicas levarem tempo a progredir e de apenas uma pequena quantidade do carbono contido nos resíduos ser emitida no ano em que estes são eliminados (PNUA, 2010). Nenhuma da legislação aplicada na Malásia especifica um requisito direto para a redução das emissões de GEE. O principal objetivo do sector de gestão de resíduos na Malásia é estabelecer os aspectos básicos da gestão de resíduos sólidos, em oposição ao combate às alterações climáticas (ISWA White Paper, 2009).

A política e a regulamentação da Malásia em matéria de gestão de resíduos sólidos são instrumentos valiosos que podem ser considerados relativamente abrangentes e contêm muitos elementos presentes nas políticas e regulamentações de outros países (ISWA White Paper, 2009). Espera-se que a política de resíduos tenha um impacto positivo na gestão dos resíduos sólidos e, indiretamente, nas alterações climáticas, fornecendo o quadro jurídico, a orientação estratégica e o mecanismo de implementação de sistemas sustentáveis de gestão de resíduos (UNEP, 2010). Em suma, a mitigação dos GEE e as alterações climáticas não são, até agora, diretamente visadas na política e regulamentação da gestão de resíduos da Malásia (Livro Branco da ISWA, 2009). No âmbito do Ministério dos Recursos Naturais e do Ambiente (NRE) da Malásia, a "Política Nacional sobre as Alterações Climáticas" serviu de modelo para a direção futura no tratamento dos cenários de alterações climáticas na Malásia. O plano de mitigação e adaptação para combater as alterações climáticas abrange muitos sectores importantes, para além do sector da gestão de resíduos (Política Nacional sobre Alterações Climáticas da Malásia, 2010). Estudo de Política sobre Alterações Climáticas financiado ao abrigo do 9º Plano da Malásia implementado conjuntamente pela Divisão de Conservação e Gestão Ambiental (CEMD), NRE, Instituto para o Ambiente e Desenvolvimento (LESTARI) e Universidade Nacional da Malásia (UKM). A indústria dos resíduos ocupa uma posição única como potencial redutor das emissões de gases com efeito de estufa (GEE). À medida que as indústrias e os países de todo o mundo se esforçam por reduzir a sua pegada de carbono, as actividades do sector dos resíduos representam uma oportunidade de redução de carbono que ainda não foi totalmente explorada (ISWA, 2009). Entre 1990 e 2003, as emissões globais totais de GEE provenientes do sector dos resíduos diminuíram 14-19% nos 36 países industrializados e nas economias em desenvolvimento. Transição (EIT) no âmbito da lista da Convenção-Quadro das Nações Unidas sobre as Alterações Climáticas (CQNUAC) (Livro Branco da ISWA, 2009). Esta redução deveu-se principalmente ao aumento da recuperação do metano dos aterros. Uma panorâmica dos fluxos de carbono através dos sistemas de gestão de resíduos aborda a questão do armazenamento de carbono versus a sua transferência para as principais estratégias de gestão de resíduos, incluindo a deposição em aterro, a incineração e a compostagem (Figura 2.8). Os aterros funcionam como digestores ou reactores anaeróbios relativamente ineficientes. O armazenamento significativo de carbono a longo prazo ocorre nos aterros, o que é abordado nas Diretrizes do IPCC para os Inventários Nacionais de Gases com Efeito de Estufa (IPCC, 2006).

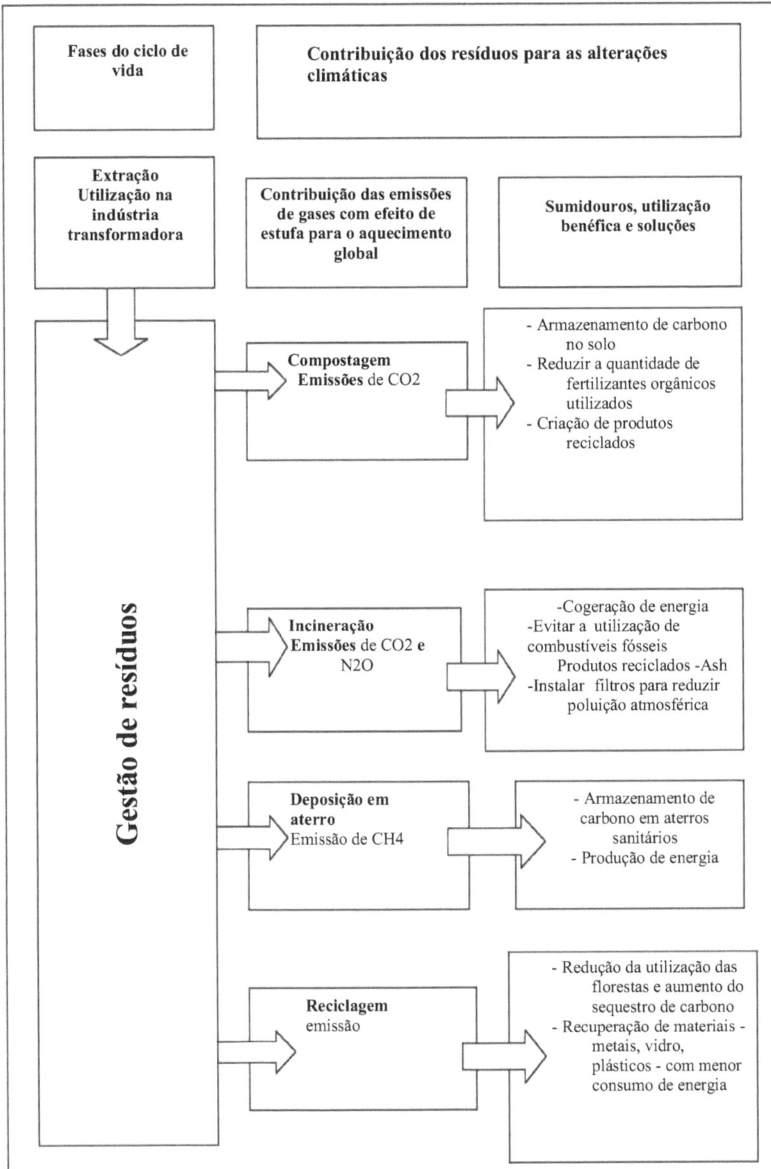

Figura 2.8 : Contribuição dos resíduos para as alterações climáticas num domínio de gestão de resíduos (Reproduzido de PNUA, 2004).

2.6 Fluxos de carbono através do sistema de gestão de resíduos

2.6.1 Processo do Ciclo do Carbono em Aterro Sanitário

O CO2 da biomassa não está incluído nos inventários de GEE relativos aos resíduos (Huber-Humer, 2004; Zinati *et. al.*, 2001; Barlaz, 1998; Bramryd, 1997; Bogner, 1992). A Figura 2.9 apresenta uma perspetiva orientada para os processos das principais emissões de GEE do sector dos resíduos. O CH4 dos aterros é a principal emissão gasosa de C dos resíduos; há também pequenas emissões de CO2 provenientes do carbono fóssil incinerado (plásticos). As emissões de CO2 provenientes de fontes de biomassa, incluindo o CO2 presente nos gases de aterro, o CO2 proveniente da compostagem e o CO2 proveniente da incineração de biomassa residual, não são tidas em conta nos inventários de GEE, uma vez que são abrangidas pelas alterações das existências de biomassa nos sectores da utilização dos solos, da reafectação dos solos e da silvicultura (IPCC, 2007) .

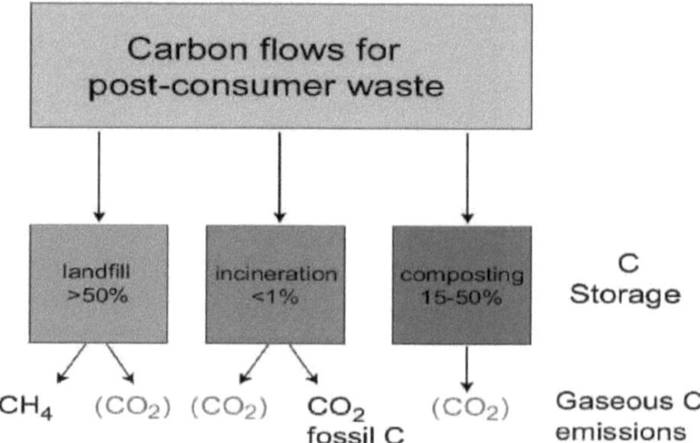

Figura 2.9 : Fluxos de carbono através dos principais sistemas de gestão de resíduos, incluindo o armazenamento de C e as emissões gasosas de C (PNUA, 2010).

O balanço de massa simplificado do CH4 dos aterros baseia-se no CH4 total gerado nos resíduos depositados em aterro, incluindo o CH4 emitido, recuperado e oxidado (Figura 2.10). Existem duas vias de CH4 a longo prazo, nomeadamente a mitigação lateral de CH4 e as alterações internas no armazenamento de CH4 (Bogner & Spokas, 1993; Spokas *et. al.*, 2006). O metano pode ser armazenado em sedimentos pouco profundos durante vários milhares de anos (Coleman, 1979) (Figura 2.10).

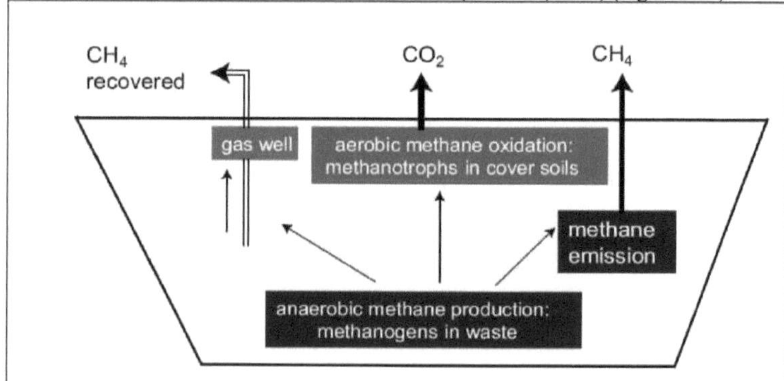

Figura 2.10: Balanço de massa simplificado do metano de aterros sanitários mostrando as vias para as emissões de GEE de aterros sanitários e sistemas de lixiviados (PNUA, 2010).

No contexto de um aterro sanitário, as emissões do balanço de massa de CH4 são uma das várias vias possíveis para a produção de CH4 por microrganismos metanogénicos anaeróbios em aterros sanitários. Outras vias incluem a recuperação, a oxidação por microrganismos metanotróficos aeróbios em solos de cobertura e duas vias de longo prazo, nomeadamente a migração lateral e a armazenagem interna (Bogner e Spokas, 1993; Spokas *et al.*, 2006). No que diz respeito às emissões provenientes do transporte e tratamento de águas residuais, o CH4 é produzido por microrganismos em condições anaeróbias rigorosas, como nos aterros, enquanto o N2O é um produto intermédio do ciclo do azoto microbiano promovido por condições de arejamento reduzido, humidade elevada e azoto abundante (Bogner *et al.*, 2007).

2.5.1 Tendências globais das emissões de gases de efeito estufa

O Quadro 2.10 compara as emissões estimadas e as tendências de dois estudos (USEPA, 2006 & Monni *et. al.*, 2006). O estudo da US EPA (2006) recolheu dados de inventários e projecções nacionais comunicados à Convenção-Quadro das Nações Unidas sobre Alterações Climáticas (CQNUAC) e complementou as lacunas de dados com estimativas e extrapolações baseadas em dados predefinidos do IPCC e cálculos simples de balanço de massas utilizando a metodologia IPCC Tier 1 de 1996 para o CH4 de aterros. Monni *et. al.* (2006) calcularam uma série cronológica para o CH4 dos aterros utilizando a metodologia de decaimento de primeira ordem (FOD) e os dados por defeito das Diretrizes do IPCC de 2006, tendo em conta o desfasamento temporal das emissões dos aterros em relação ao ano de eliminação.

Quadro 2.10: Estimativas de emissões e projecções sobre a tendência global das emissões de GEE.

Fonte	1990	1995	2000	2005	2010	2015	2020	2030	2050
Aterro sanitário CH?	760	770	730	750	760	790	820		
Aterro sanitário CH?	340	400	450	520	640	800	1000	1500	2900
Aterro CH_ (média de" e)[b]	550	585	590	635	700	795	910		
Águas residuais CH?	450	490	520	590	600	630	670		
Águas residuais NO_2[a]	80	90	90	100	100	100	100		
Incineração CO_2[b]	40	40	50	50	60	60	60	70	80
Emissões totais de GEE	1120	1205	1250	1345	1460	1585	1740		

[a] Com base nas emissões comunicadas nos inventários nacionais e nas comunicações nacionais e (para os países que não comunicam) nas diretrizes e extrapolações do inventário de 1996 (USEPA, 2006).
[b] Total inclui CH de aterro$_4$ (média), CH de águas residuais$_4$, N de águas residuais$_2$ O e CO de incineração$_2$.

A quantificação das tendências globais exige dados nacionais anuais sobre a produção de resíduos e as práticas de gestão. As estimativas para muitos países são incertas porque os dados são inexistentes, incosistentes ou incompletos. As Diretrizes do IPCC (2006) também fornecem metodologias para as emissões de CO2, CH4 e N2O provenientes da queima de resíduos a céu aberto e para as emissões de CH4 e N2O provenientes da compostagem e da digestão anearóbia de resíduos biológicos. A compostagem e outros tratamentos biológicos emitem quantidades muito pequenas de GEE, mas também foram incluídos (IPCC, 2006). Globalmente, o sector dos resíduos contribui com menos de 5% das emissões globais de GEE.

2.6.3 O metano como gás com efeito de estufa

O metano, o principal componente do gás natural, é também um potente gás com efeito de estufa. É 25 vezes mais eficaz do que o CO2 na retenção de calor na atmosfera num período de 100 anos (IPCC, 2007). Por conseguinte, o potencial de aquecimento global do metano no Quarto Relatório de Avaliação do IPCC (2007) é 25 vezes superior num período de 100 anos. O metano é um GEE significativo a seguir ao CO2, sendo responsável por 16% das emissões globais de GEE (Figura 2.11). A vida química do metano na atmosfera é de aproximadamente 12 anos (USEPA, 2006a). Esta vida atmosférica relativamente curta torna-o um gás importante para mitigar o aquecimento global a curto prazo. Vários estudos avaliaram a importância de mitigar as emissões de metano numa fase precoce, devido aos impactos climáticos imediatos no ambiente (Fisher, *et. al.*, 2007).

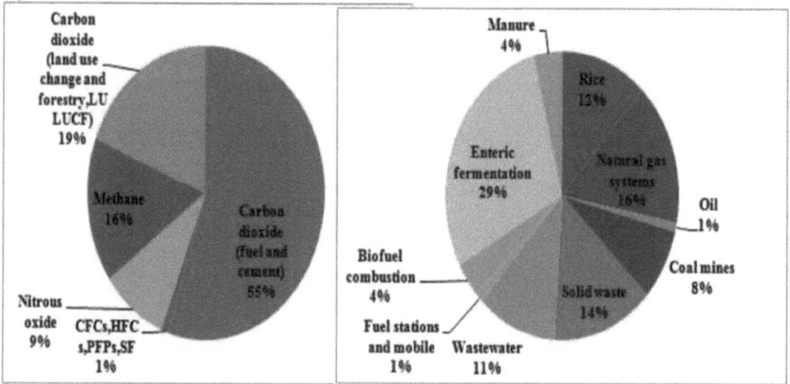

Figura 2.11: Emissões globais de gases com efeito de estufa em 2000 e fontes antropogénicas de metano. (Agência Internacional da Energia/IEA, 2009) .

Os Estados Unidos, a China, a Rússia, o México, o Canadá e o Sudeste Asiático são os principais contribuintes para as emissões de metano provenientes da gestão de resíduos sólidos (Agência Internacional da Energia/IEA, 2008). Prevê-se que as emissões de metano dos aterros diminuam nos países industrializados e aumentem nos países em desenvolvimento (Agência Internacional da Energia/IEA, 2008). Prevê-se que as emissões dos países industrializados diminuam em resultado da expansão dos programas de reciclagem e compostagem, do aumento dos requisitos regulamentares para a captura e combustão de gases de aterro (GF) e da melhoria das tecnologias de recuperação de GF (Agência Internacional da Energia/AIEA, 2008). Prevê-se que as emissões de LFG dos países em desenvolvimento aumentem devido à expansão das populações, combinada com uma tendência de substituição das lixeiras a céu aberto por aterros sanitários com maiores condições anaeróbias (Agência Internacional da Energia/IEA, 2008). As fontes antropogénicas incluem a produção de combustíveis fósseis, a agricultura (fermentação entérica no gado, gestão de estrume e cultivo de arroz), a queima de biomassa e a gestão de resíduos. As emissões de metano provenientes de actividades energéticas e de resíduos representaram aproximadamente 36% das emissões antropogénicas globais de metano em 2000 (IPCC, 2001). Desde meados do século XVII, as concentrações atmosféricas médias globais de metano aumentaram 150%, de aproximadamente 700 para 1745 partes por bilião em volume (ppbv) (IPCC, 2001). Embora as concentrações de metano tenham continuado a aumentar, a taxa de crescimento global durante a última década abrandou, em grande parte devido aos esforços de mitigação em várias nações, incluindo a União Europeia, os Estados Unidos, o Canadá e o Japão (USEPA, 2006). No final da década de 1970, a taxa de crescimento era de aproximadamente 20 ppbv por ano (IPCC, 2001). De 1990 a 1998, o metano cresceu até 13 ppbv por ano (IPCC, 2001). O aumento registado entre 2006 e 2007 é o maior aumento anual observado desde 1998, embora não seja claro se isto representa o início de uma nova tendência ascendente (Organização Meteorológica Mundial/OMM, 2008). O ciclo do metano, no entanto, é complexo e requer uma compreensão das suas muitas fontes e sumidouros. A Malásia faz parte de uma grande comunidade global. É importante notar que a Malásia contribui apenas com 0,7% das emissões globais de CO2 (Relatório de Desenvolvimento Humano do PNUD, 2008). No entanto, em termos de intensidade de emissões, calculada como um rácio entre as emissões de GEE e o PIB do país, os níveis de intensidade de emissões da Malásia estão acima da média global no sector da energia, como mostra a Figura 2.12. Serão envidados grandes esforços para reduzir a intensidade das emissões e, à medida que a Malásia se aproxima de uma economia de elevado rendimento, espera-se que a intensidade das emissões diminua. O Governo lançou vários programas destinados a reduzir as emissões de gases com efeito de estufa. Durante o Plano 10th da Malásia, os esforços continuarão a centrar-se em cinco domínios (Segunda Comunicação Nacional à CQNUAC/NC2, 2011):

1. Criar incentivos mais fortes para investimentos em energias renováveis (ER);
2. Promover a eficiência energética para incentivar a utilização produtiva da energia;
3. Melhorar a gestão dos resíduos sólidos;
4. Conservação das florestas; e
5. Reduzir as emissões para melhorar a qualidade do ar.

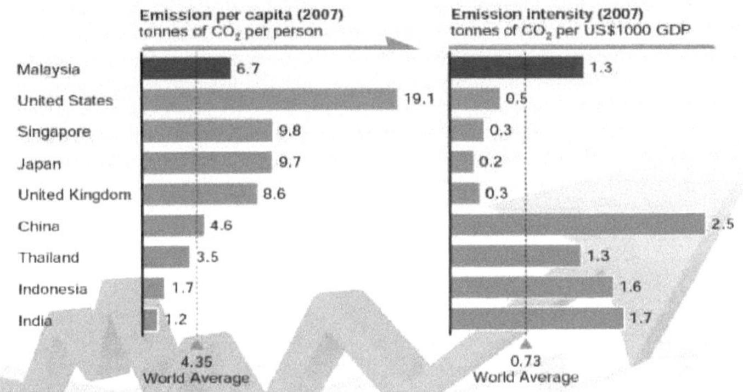

Figura 2.12 : Intensidade das emissões da Malásia em comparação com a média mundial para o sector dos resíduos em 2007 (Segunda Comunicação Nacional à CQNUAC/NC2, 2011).

O Governo da Malásia continuará a envidar esforços para melhorar a eficiência e a eficácia da gestão dos resíduos sólidos, o que também conduzirá à redução das emissões de gases com efeito de estufa (Ministério da Habitação e do Governo Local da Malásia e Agência de Cooperação Internacional do Japão/JICA, 2006). Entre as medidas que serão adoptadas incluem-se a construção de instalações de recuperação de materiais e de estações de tratamento térmico, bem como a reciclagem de resíduos não orgânicos. A separação da matéria orgânica dos resíduos pode ser transformada em composto ou utilizada para outros fins. Isto, por sua vez, reduzirá o volume de resíduos depositados em aterros, reduzindo assim a emissão de metano. Uma gestão holística dos resíduos sólidos através de aterros sanitários ajudará a recuperar o metano produzido pelos resíduos e a utilizá-lo para gerar energia.

2.7.1 Processo de remoção e transformação do azoto no aterro

O ciclo do azoto num ambiente aberto como um aterro sanitário é um processo complexo devido à natureza heterogénea dos resíduos sólidos. Como os resíduos são heterogéneos, as partes do aterro podem conter diferentes quantidades de nutrientes, temperaturas, níveis de humidade e diferentes potenciais de oxidação-redução. A remoção do azoto no tratamento de lixiviados pode ser conseguida através de processos físico-químicos biológicos. Por esta razão, recomenda-se que os tratamentos de lixiviados sejam sistemas de várias fases que incluam processos biológicos e físico-químicos (Albers & Krückeberg, 1992 & Leitzke, 1996). As condições ambientais (precipitação e temperatura) afectam grandemente a transformação e a remoção do azoto (Federico, 2013). Por conseguinte, dentro de uma célula de aterro, pode haver muitos processos de transformação do azoto que ocorrem simultaneamente ou sequencialmente (Berge & Reinhart, 2005). A conceção do sistema de aterro é rígida no que respeita a parâmetros como a composição e a idade dos resíduos. Os componentes dos resíduos não podem ser controlados e variam de um aterro para outro, à semelhança da idade dos resíduos que varia de local para local dentro dos limites de um aterro (Berge & Reinhart, 2005).

2.7.1 Remoção de amoníaco e azoto no lixiviado e no gás.

Os métodos de remoção de amoníaco-nitrogénio incluem frequentemente sequências complexas de processos físicos, químicos e/ou biológicos, incluindo a precipitação química, a nanofiltração, a remoção de ar e a nitrificação/desnitrificação biológica através de várias configurações de reactores, por exemplo, filtros biológicos rotativos, reactores de crescimento suspenso e ligado (Berge & Reinhart, 2005). Nas lamas activadas, a remoção de azoto do lixiviado pode ser conseguida por biossíntese, remoção de amoníaco e desnitrificação (Robinson & Maris et. al., 1992; Marttinen et. al., 2002; Abufayed & Schroeder, 1986) (Figura 2.13). Os métodos biológicos são altamente eficazes no tratamento de lixiviados de aterros jovens que contêm uma grande quantidade de ácidos orgânicos facilmente biodegradáveis (Timur et. al., 2002). O amoníaco-nitrogénio no lixiviado é derivado do teor de azoto dos resíduos. A concentração depende da taxa de solubilização e/ou lixiviação dos resíduos. A composição do lixiviado é bastante variável, dependendo muito da composição dos resíduos, do teor de humidade dos resíduos e da idade do aterro.

O azoto amoniacal (NH4-N) é responsável pelo longo período de pós-tratamento dos aterros, uma vez que o destino dos compostos de azoto orgânicos e inorgânicos é diferente nos materiais residuais. (Huber-Humer *et.al,* 2010). O amoníaco tem um odor pungente que pode causar irritação nas vias respiratórias. Além disso, o gás de amoníaco pode dissolver-se na humidade da pele e formar hidróxido de amónio, um produto químico corrosivo que pode causar irritação cutânea (Matheson, 2002). A descarga de amoníaco com base na massa de amoníaco que pode ser lixiviada dos resíduos é controlada pelo volume de água que passa através do aterro (Berge *et. al.,* 2005). A redução das concentrações de amoníaco-nitrogénio por lavagem e diluição para níveis aceitáveis num aterro exige a adição de grandes volumes de água.

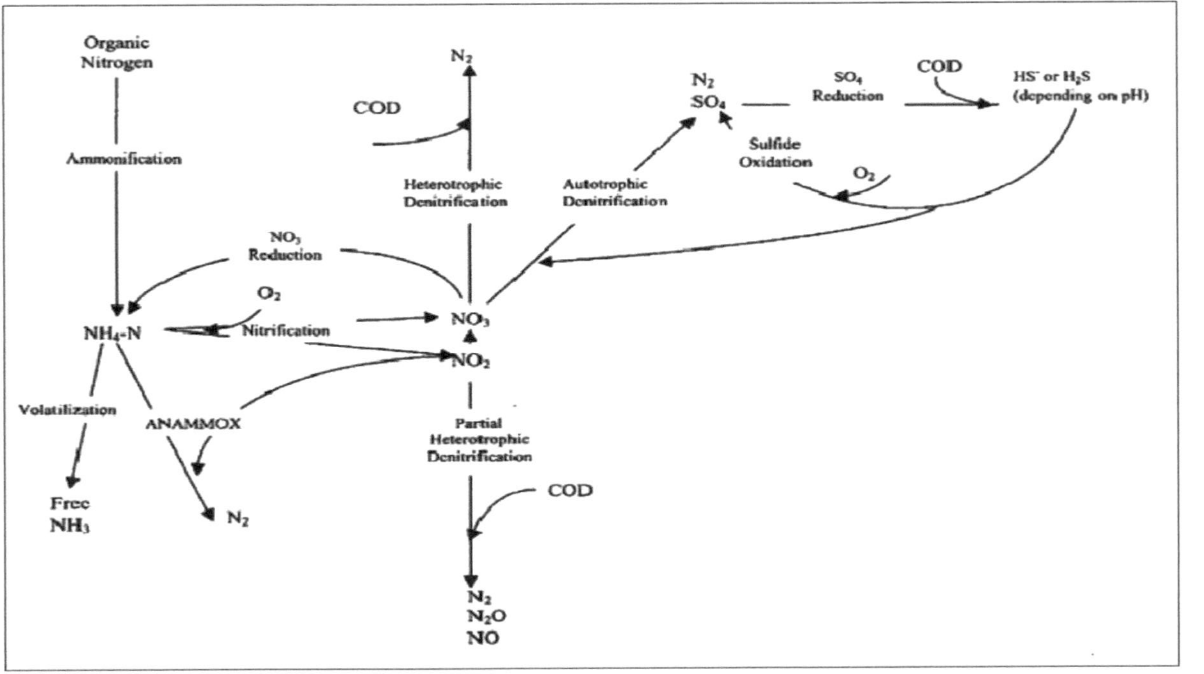

Figura 2.13: Vias potenciais de transformação e/ou remoção de azoto num aterro sanitário (Reproduzido de Berge & Reinhart, 2005)

O Institute of Waste Management Sustainable Landfill Working Group (1999) referiu que, com um teor de humidade dos resíduos sólidos de 30% (base do peso húmido) e uma concentração inicial de amoníaco-nitrogénio na fase líquida de 5833 mg/L como N, era necessário um volume de descarga de aproximadamente 2,4 m^3 /tonelada de resíduos para reduzir a concentração de azoto para 2 mg/L como N (Berge *et. al.*, 2005). Foi também referido que tinham sido realizados estudos que sugeriam que eram necessários volumes de descarga entre 5 e 7,5 m^3 /tonelada de resíduos para reduzir adequadamente as concentrações de azoto no aterro (Berge, 2006; Berge *et. al.*, 2005). Não foi dado qualquer prazo para que esta redução ocorresse. A eficácia da lavagem dependerá da condutividade dos resíduos, uma vez que será mais difícil introduzir líquido em áreas de menor permeabilidade. A lavagem resulta na remoção de amonianitrogénio dos aterros através da adição de grandes volumes de água, que devem ser tratados externamente. Quando o aterro funciona como um bioreactor, o lixiviado é reciclado, pelo que o amoníaco-nitrogénio é continuamente recirculado para o sistema de tratamento de lixiviados do aterro, enquanto o amoníaco adicional é solubilizado no lixiviado. Uma vez que os aterros são heterogéneos e podem suportar vários microambientes diferentes em simultâneo (por exemplo, aeróbio, anaeróbio e anóxico), podem estar presentes várias combinações dos processos de transformação do azoto mencionados (Berge, 2006; Berge *et. al.*, 2005). Além disso, a compreensão do destino do azoto pode ajudar a desenvolver métodos de remediação de aterros antigos (Ritzkowski *et. al.*, 2003). A relação C/N diminui acentuadamente quando o aterro é jovem e mantém-se baixa durante muito tempo. A diminuição da C/N reflecte o elevado conteúdo orgânico na fase ácida e a sua diminuição acentuada na fase metanogénica e a baixa C/N à medida que o tempo avança, em resultado da disponibilidade de azoto no lixiviado (Ritzkowski *et. al.*, 2003).

Capítulo 3

3.1 Metodologia

3.2 Análise de resíduos

A análise de resíduos envolveu a determinação das caraterísticas físicas, químicas e biológicas de resíduos selecionados, incluindo resíduos orgânicos e não orgânicos. Todas as análises foram efectuadas de acordo com os métodos normalizados da USEPA. Entre as análises efectuadas incluem-se o pH, a salinidade e a condutividade.

3.2.1 Antecedentes do terreno Recolha de dados primários

O estudo de campo foi efectuado no aterro sanitário de Jeram (JSL), localizado no lote n.º 1595, 2958, 2959 Tuan Mee Estate, na cidade de Jeram, distrito de Kuala Selangor (placa 3.1). O JSL começou a funcionar em 1st de janeiro de 2007, com uma vida útil prevista de 16 anos, dependendo da quantidade de resíduos recebidos. O concessionário do aterro (Worldwide Holdings Pvt. Ltd.) foi atualmente premiado com uma concessão de privatização de 25 anos para a construção. Esta concessão inclui a exploração e a manutenção de uma área de 65 hectares pelo Governo do Estado de Selangor. A área total de exploração era de 48 hectares. O aterro recebe uma média de 2100 toneladas de resíduos sólidos urbanos por dia, embora a capacidade projectada seja apenas de 1250 toneladas por dia, com o equivalente a 8 milhões de metros cúbicos de espaço aéreo. Os tipos de resíduos recebidos são apenas os resíduos domésticos, os resíduos volumosos, os resíduos de jardim e as lamas de depuração domésticas. A gestão do JSL também forneceu mensalmente a tonelagem de resíduos de 2005 a 2010. O aterro serve sete grandes municípios do vale de Klang, nomeadamente Kuala Selangor (MPKS), Subang Jaya, Klang (MPK), Petaling Jaya (MBPJ), Shah Alam (MBSA), Ampang Jaya (MPAJ) e Selayang (MPS).

Placa 3.1: Imagem de satélite mostra a localização do JSL. (Fonte: Google Earth, mapa não está à escala).

3.2.2 Amostragem de resíduos sólidos urbanos (RSU)

A segregação dos resíduos foi efectuada para determinar a quantidade e a qualidade da composição dos resíduos depositados nos aterros. Para caraterizar os RSU, foi efectuada uma amostragem para lidar com a heterogeneidade e a variabilidade sazonal dos resíduos. O trabalho de segregação foi efectuado através da triagem dos resíduos de acordo com a classificação de Tchobanoglous *et. al.* (1994). A quantidade de resíduos provenientes destes camiões variava entre 10 e 15 toneladas. Foram aplicados métodos de esquartejamento. Para tal, os resíduos de compactadores selecionados aleatoriamente foram divididos em quatro porções. Dois quartos serão retidos e os restantes dois serão rejeitados. Os quartos selecionados foram novamente esquartejados, tendo sido selecionada metade da secção para obter aproximadamente 100 a 250 kg de resíduos por secção. O método de divisão em quartos aplicado no estudo permitiu uma amostragem mais aleatória dos resíduos, uma vez que as recolhas de resíduos pelos camiões foram efectuadas com base em rotas designadas. A amostragem do composto foi efectuada através de amostras de recolha. O composto acabado e maduro foi seco e foram colhidas amostras laboratoriais de 5 g para análise do carbono total e do azoto.

3.2.3 Análise química para caraterização de RSU

Para efeitos de análise laboratorial, foram colhidas aleatoriamente amostras de resíduos sólidos. As amostras foram analisadas para : Carbono Orgânico Total (APHA 5310 B), Carbono Inorgânico (ASTM E 949), Azoto Total (ASTM E778-87), Azoto Amoniacal (APHA 4500 NH3 B&C), Azoto Orgânico (APHA 4500-Método de NorgKjeldahl) e Azoto Inorgânico (APHA 4500-Método de NorgKjeldahl). Em cada ocasião de amostragem, foram também recolhidas aleatoriamente quatro amostras de solo com uma pá. As amostras de solo recolhidas foram o solo superficial a 15 cm de profundidade e a argila semi-marinha da célula 20. Em seguida, o solo foi seco a 45° C durante 3 dias e transformado em pó. Foram efectuadas análises de carbono orgânico total (APHA 5310 B), carbono inorgânico (ASTM E 949), azoto total (ASTM E778-87), azoto amoniacal (APHA 4500 NH3 B&C), azoto orgânico (método APHA 4500-NorgKjeldahl) e azoto inorgânico (método APHA 4500-NinorgKjeldahl) e elementos para P, K, Mg, Ca, Mn, Al e Fe utilizando a máquina de espetrometria de emissão ótica com plasma acoplado indutivamente (ICP-OES). Os dados foram recolhidos e calculados em termos de massa e concentrações de elementos (fluxo de C e N). O método de determinação foi baseado nos registos do JSL, medições, análises laboratoriais, literatura e balanços de massa. As actividades no JSL foram divididas em processos com base na literatura, observação e entrevista. O inventário de dados e o fluxo de materiais foram calculados e descritos.

3.2.4 Análises físicas e químicas de lixiviados, águas pluviais e gases.

A qualidade e a quantidade da precipitação no aterro sanitário de Jeram também foram obtidas. A estação pluviométrica mais próxima situa-se em Bukit Kerayong (Latitude 03° 10' 35" N, Longitude 101° 20' 40" E). A quantidade de precipitação diária (08h00-08h00, hora padrão da Malásia) para um determinado dia é a quantidade recolhida durante o período de 24 horas com início às 08h00 desse dia. O lixiviado bruto foi recolhido diretamente da estação de tratamento de lixiviados e mantido dentro de uma garrafa hermética. O teste de NH4-N foi efectuado para o lixiviado bruto. A digestão e os parâmetros biológicos foram efectuados *ex-situ*. Foram úteis dados secundários, como a precipitação, obtidos de fontes autorizadas. Estes dados destinam-se a complementar os dados primários recolhidos durante a visita ao local e a investigação no terreno, como se mostra no Quadro 3.1.

Não.	Elementos	Processo de origem	Processo de destino	Dados disponíveis utilizados para o cálculo
1.	Resíduos	Receção de resíduos	Corpo do aterro	Gestão JSL (tonelagem de resíduos)
2.	Precipitação	Atmosfera	Atmoesfera/Corpo de aterro/Tratamento de lixiviados	Departamento de Irrigação e Drenagem (DID), Selangor
3.	Gás de aterro	Corpo do aterro	Atmosfera	Medição *in-situ*

4.	Lixiviado	Corpo do aterro	Tratamento de lixiviados	Medição *in-situ* e gestão de JSL

Tabela 3.1: Informação disponível sobre os fluxos de elementos na preparação do balanço de materiais do aterro em JSL.

A análise de gases *in situ* utilizou o analisador de gases modelo Binder GA-M (placa 3.2) para obter emissões quantitativas de metano (CH4), dióxido de carbono (CO2), monóxido de carbono (CO), sulfureto de hidrogénio (H2S) e amoníaco (NH3). As medições registadas foram feitas em percentagem (%) de peso húmido, exceto para o H2S, que é em ppm.

Placa 3.2 : Analisador de gases modelo Binder GA-M

A análise foi efectuada em laboratório para determinar a concentração utilizando um cromatógrafo de gás (modelo GC-8A Shimadzu) (placa 3.3). A amostragem dos gases do aterro foi efectuada *in-situ* utilizando um saco Tedlar na ponta da válvula dos poços de gás e na unidade de queima de gás.

Placa 3.3: Cromatógrafo de gás (modelo GC-8A Shimadzu).

3.3 Enquadramento da AMF no Sistema de Aterro Sanitário
3.3.1 Análise do sistema

A fronteira do sistema foi ajustada adequadamente às condições existentes. Foram identificados os processos e bens relevantes. Os dados do inventário foram recolhidos e analisados e os resultados obtidos mostraram os problemas existentes e/ou potenciais e os pontos fracos em termos de problemas de aterros sanitários. Este resultado será utilizado como a situação existente do estudo. Todas as actividades existentes no JSL foram divididas em 5 processos e incluídas na fronteira do sistema da seguinte forma

1)   Aterro de resíduos
2)   Instalação de gás de aterro
3)   Instalação de compostagem (em pequena escala)
4)   Estação de tratamento de lixiviados
5)   Processo de reciclagem (em pequena escala)

O desenvolvimento de um modelo matemático para um sistema de AMF específico consiste nas seguintes etapas típicas (Baccini & Bader,1996). Estas etapas incluem a definição do problema e dos objectivos específicos, a seleção das substâncias relevantes, as fronteiras do sistema, os processos e as mercadorias, a avaliação dos fluxos de massa das mercadorias, a avaliação das concentrações das substâncias nas mercadorias, o cálculo dos fluxos das substâncias, a consideração das incertezas, a apresentação dos resultados e a simulação de cenários. Os fluxos de substâncias neste estudo da AMF são o carbono e o azoto. As concentrações são determinadas para ambos os elementos em cada tipo de resíduo. Em seguida, os dados foram computados no software STAn para o balanço de massa. Uma função única deste software é o cálculo de erros. Uma breve descrição do funcionamento do STAn é apresentada no subcapítulo "Breve descrição do programa operacional". O procedimento proposto para a análise (Brunner e Rechberger, 2004, modificado) num fluxograma é apresentado na Figura 3.1

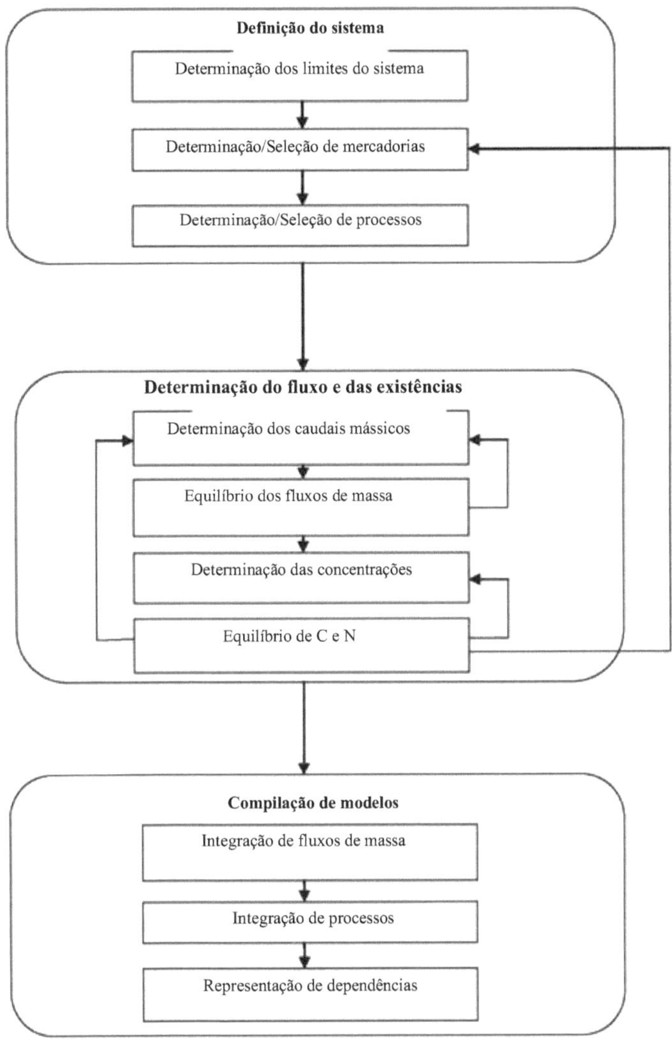

Figura 3.1: Procedimento proposto para a análise (Brunner e Rechberger, 2004, modificado)

3.3.2 Degradação de resíduos sólidos urbanos (RSU): O modelo estequiométrico.

O modelo estequiométrico baseia-se na reação química de uma substância, em que os reagentes nos resíduos são representados por uma fórmula química empírica (Eq. 1). Os produtos finais em forma de gás incluem CH_4, CO_2, NH_3 e H_2S. A conversão estequiométrica completa dos sólidos biodegradáveis em CH_4, CO_2, NH_3 e H_2S foi calculada com base na fórmula proposta por Buswell e Mueller (1952) (Eq. 1). O teor de oxigénio foi obtido a partir do teor médio encontrado na literatura (Barlaz *et. al.*, 1989; Tchobanoglous & Kreith, 2002)

C1.995 H3.58 O1.256No.ii5 S0.047+ 0:581^0 ^1.08CH4 + 0.92CO2 + 0:115NH3
+ 0:047H2S + energia   (Eq. 1)

Em que CaHbOcNd é uma fórmula empírica da matéria orgânica biodegradável a partir da qual os resíduos urbanos são considerados e C5H7O2N é a fórmula química da massa microbiana (Paraskaki & Lazaridis 2005).

Uma limitação do modelo está associada às estimativas estequiométricas das fracções de resíduos que não são biodegradáveis (lenhina, plásticos, etc.).

3.3.3 Análise quantitativa da entrada de resíduos: RSU

A análise do fluxo de materiais (AFM) e a análise do fluxo de substâncias (AFS) foram efectuadas através do modelo de balanço de massas STAN, que realiza a AFM de acordo com a norma austríaca ONorm 2096 S (AFM - Aplicação na gestão de resíduos) (Cencic & Rechberger, 2008). No STAN, o sistema de resíduos ou qualquer outro sistema de interesse pode ser construído para apresentar graficamente diagramas de Sankey, adicionando fluxos de massa, concentrações e coeficientes de transferência conhecidos. As simulações foram efectuadas pelo STAN para reconciliar dados incertos e/ou para calcular parâmetros (por exemplo, através de simulações de Monte Carlo). A incerteza das concentrações na entrada de resíduos foi calculada com base nos dados de Boldrin (2009) (como percentagem de matéria seca na massa de entrada); $C = \pm 2,0$ % e $N = \pm 9,6$%, salvo indicação em contrário. As incertezas iniciais das concentrações nas saídas foram assumidas como sendo de 10% para C e N (Andersen *et. al.*, 2010). A perda de materiais para a atmosfera durante o processo de deposição em aterro foi calculada utilizando o software STAn para C e N e apresentada num diagrama de fluxo.

3.3.4 Balanço de massa de carbono

A referência escolhida é o carbono orgânico total (TOC). A libertação de carbono foi identificada através de duas vias, nomeadamente o lixiviado e o gás. A fórmula seguinte quantifica a produção de gás de aterro (Fellner & Laner, 2012) com base no carbono orgânico total. As entradas brutas foram depois computadas no software STAn para cálculo e reconciliação de dados.

3.3.5 Balanço de massa do azoto

As concentrações de 4 parâmetros, nomeadamente NO3-N, NO2-N, NH3-N e TKN, foram medidas com um elétrodo (Orion, modelo 95-12) utilizando o método de adição conhecida Standard Methods for the Examination of Water and Wastewater, American Public Health Association (APHA) (1995), Washington, EUA. Quanto aos resíduos sólidos, foram efectuadas análises completas de diferentes tipos de azoto, nomeadamente o azoto total (ASTM E778-87), o azoto amoniacal (APHA 4500 NH3 B&C), o azoto orgânico (APHA 4500-Método de Kjeldahl) e o azoto inorgânico (APHA 4500-Método de Kjeldahl). A referência escolhida é o azoto total de Kjeldahl (TKN), que se tornou a entrada em bruto, e foi depois computado no software STAn para cálculo e reconciliação de dados.

3.4 Análise quantitativa da produção de resíduos: lixiviados e gases com efeito de estufa (GEE)

3.4.1 Fator de balanço hídrico no aterro

No que respeita à infiltração através do material de cobertura dos resíduos, o balanço hídrico baseia-se na abordagem holística e clássica do balanço hídrico (Thornthwaite & Mather, 1955). O balanço considera a precipitação diária e a evapotranspiração potencial (PET), e propõe que a evapotranspiração real (AET) seja igual à PET (corrigida por um coeficiente para ter em conta o tipo de vegetação na cobertura, se disponível). Por exemplo, o modelo global para o balanço hidrológico de aterros sanitários (MOBYDEC) aplica o mesmo conceito (Guyonnet & Bounn, 1994; Guyonnet *et. al.*, 1998).

3.4.2 Modelo Conceptual

O balanço hídrico é crucial para a operação de um aterro sanitário. A Figura 3.2 apresenta um sistema simplificado para mostrar o balanço hídrico num aterro sanitário. O cálculo do balanço hídrico mostrou que a evapotranspiração e o armazenamento de água são dois processos principais.

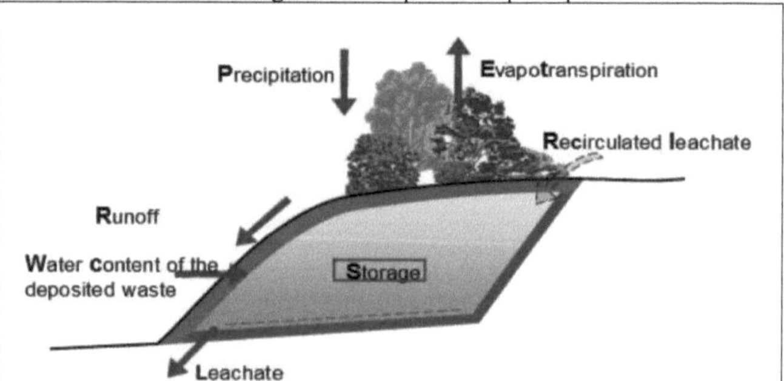

Figura 3.2: Um sistema simplificado para mostrar o balanço hídrico numa condição de aterro sanitário (Fellner & Laner, 2012).

Com base na lei da conservação da massa, foi derivada uma equação teórica simplificada para o balanço hídrico num aterro sanitário (Eq. 2).

Os dados de entrada para o balanço hídrico são o teor de água dos RSU depositados em aterro (W), a água adicionada durante a deposição em aterro (A), a precipitação (P) e a água recirculada (R). A saída consiste no escoamento superficial (SR), evapotranspiração (ET), lixiviado (L) e condensação (C), que deixa o aterro com gás. A água armazenada (S) também tem de ser considerada.

3.3.3 Modelação do balanço hídrico (WBM)

Este método é simples e tem sido utilizado para prever o lixiviado gerado em aterros sanitários (São Mateus *et. al.*, 2011). A configuração básica deste método consiste no facto de o aterro ser constituído por uma superfície coberta, um compartimento de resíduos compactados e um sistema de revestimento, como se mostra na Figura 3.3.

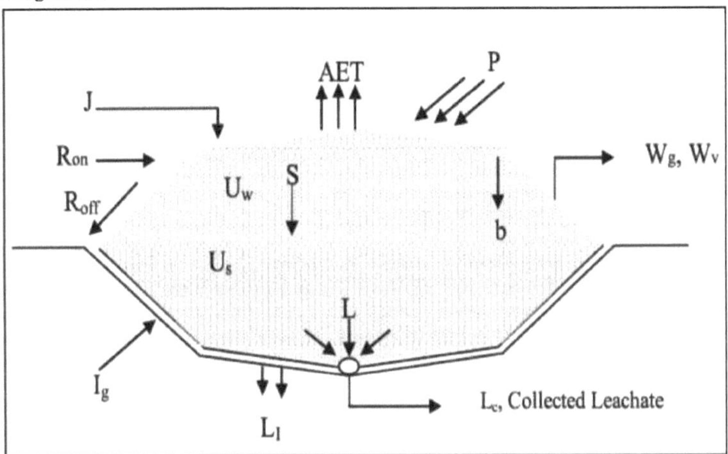

Figura 3.3: Balanço hidrológico de um aterro sanitário. (Reproduzido de Jagloo, 2002).

Em que AET= evapotranspiração real; b= produção de água por biodegradação de resíduos; I_g = água do subsolo; J= recirculação de lixiviados; L= lixiviados gerados; L_c = lixiviados recolhidos; LI= infiltração de lixiviados no revestimento de argila; P=precipitação; R_{of} f= escoamento superficial; Ro_n = escoamento superficial; S=água nas lamas; U_w = teor de água nos resíduos; U_s = teor de água na cobertura do solo; W_g = água consumida na formação de gás de aterro; W_v = água perdida sob a forma de vapor de água.

O balanço hídrico do aterro foi derivado; fazendo uso de pressupostos nos casos em que é aplicável que a infiltração através do topo da pilha de resíduos é calculada usando a equação (2).

$$I= P+ J +R_{on} +R_{off}.AET \pm U_s \qquad (Eq.2)$$

onde:

I: Infiltração (mm/ano)
P: Precipitação (mm/ano)
J: Recirculação de lixiviados (mm/ano)
Roff: Escoamento (mm/ano)
Ron: Escoamento (mm/ano)
AET: Evapotranspiração real (mm/ano)
Us: Teor de água na cobertura do solo (mm/ano)

Partindo do princípio de que:

1. A cobertura final do solo é existente e o teor de humidade das camadas finas diárias do solo é assumido como estando na capacidade de campo, e assume-se que não contribui significativamente para o teor de humidade total das células (Us=0)

2. O aterro foi projetado de modo a que a água do exterior não entre no local (Ron = 0).

Por conseguinte, a infiltração (I) através da parte superior da pilha de resíduos torna-se:

$$I = P + J - R_{off}-AET \qquad (3)$$

Em que a variação do volume de águas residuais, devido a fontes externas (PL), é calculada como:

$$P_L = I + I_g \tag{4}$$

em que Ig: é a água dos aquíferos que entra no aterro (mm/ano). Assumindo que a água que entra no aterro proveniente dos aquíferos é desprezável (Ig = 0), a variação do volume de águas residuais, devido a fontes externas (PL), é calculada como

$$P_L = I \tag{5}$$

Em seguida, a produção total de lixiviados é calculada como:

$$L = P_L \pm U_W + b \tag{6}$$

em que b é a produção de água pela biodegradação dos resíduos (m³ /ano) e Uw é o teor de água nos resíduos (à capacidade de campo) (m³ /ano). Assume-se que a água produzida, devido à biodegradação dos resíduos, é muito pequena e negligenciável (b = 0). Por conseguinte:

$$L = P_L \pm U_W \tag{7}$$

A água que percola a partir da superfície de um aterro tende a ser absorvida pelos resíduos até ser atingida a capacidade de campo. É apenas quando a infiltração de água excede este valor que o movimento da água através dos resíduos ocorre inicialmente em condições não saturadas ou, se existir água suficiente, em condições saturadas.

3.4 A aplicação informática LandGEM (Landfill Gas Emission)

3.4.1 Projeção de GEE em condições de aterro

O LandGEM (modelo de emissões de gases de aterro) é desenvolvido pela tecnologia do Centro de Controlo da Agência Americana de Proteção do Ambiente (US EPA 1998), que é um software para quantificar as emissões de gases de aterro. O método para a estimativa das emissões gasosas utilizando o modelo baseia-se numa equação de degradação simples. O modelo determina a massa de metano produzido utilizando a capacidade de produção de metano e a massa de resíduos depositados. O método de emissão LandGEM pode ser descrito matematicamente pela (Eq. 8):

$$Q_{CH4} = \left(\sum_{i=1}^{n} \sum_{j=0.1}^{1} kL_0 \right) \left(\frac{M_i}{10} \right) \left(e^{-kt_{i,j}} \right) \tag{8}$$

em que QCH4 é a produção anual de metano no ano de cálculo (m3 ano^{-1}); i é o incremento temporal anual; n é a diferença: (ano de cálculo) - (ano inicial de aceitação dos resíduos); j é o incremento temporal de 0.1 ano; k é a constante de produção de metano (ano-1); L0 é a capacidade potencial de produção de metano (m³ Mg^{-1}); Mi é a massa de resíduos no *i-ésimo* ano (Mg); ti, j é a idade da *j-ésima* secção de resíduos Mi aceite no *i-ésimo* ano (anos decimais).

3.5 Abordagem de modelação de dados: Software de análise de substâncias (STAn)

3.5.1 Breve descrição do programa operacional: Análise de caudal e balanço de massa

As descrições que se seguem referem-se à versão 1.1.3 do STAN. A interface gráfica do utilizador (GUI) é constituída por janelas que podem ser organizadas arbitrariamente. Algumas barras de ferramentas permitem um acesso rápido aos comandos mais importantes (Figura 3.4). Cada elemento do modelo tem propriedades que podem ser alteradas na janela Propriedades. Este é também o local onde os dados devem ser introduzidos manualmente. A janela de saída de rastreio apresenta mensagens relacionadas com o cálculo. Estas equações podem conter variáveis desconhecidas, medidas e exatamente conhecidas (constantes).

Durante o cálculo, foi criado um modelo gráfico com o STAn que é automaticamente traduzido num modelo matemático utilizando quatro tipos de equações (Eqs. 9-12). Posteriormente, se desejado, podem ser convertidas em processos com stocks ou subsistemas. Mas neste estudo, o aterro sanitário é o sistema de análise onde todas estas equações estão incorporadas no STAn .

Equação de equilíbrio: Σ inputs = Σ outputs + variação das existências (Eq. 9)

Equação do coeficiente de transferência: outputx= coeficiente de transferência para output^x · Σ inputs (Eq. 10)

Equação das existências: stockPeríodo i+1 = stockPeríodo i + variação do stockPeríodo i (Eq. 11)

Equação de concentração: massa$_{sub}$ st$_a$ nce = massgood - concentrationsubstance (Eq. 12)

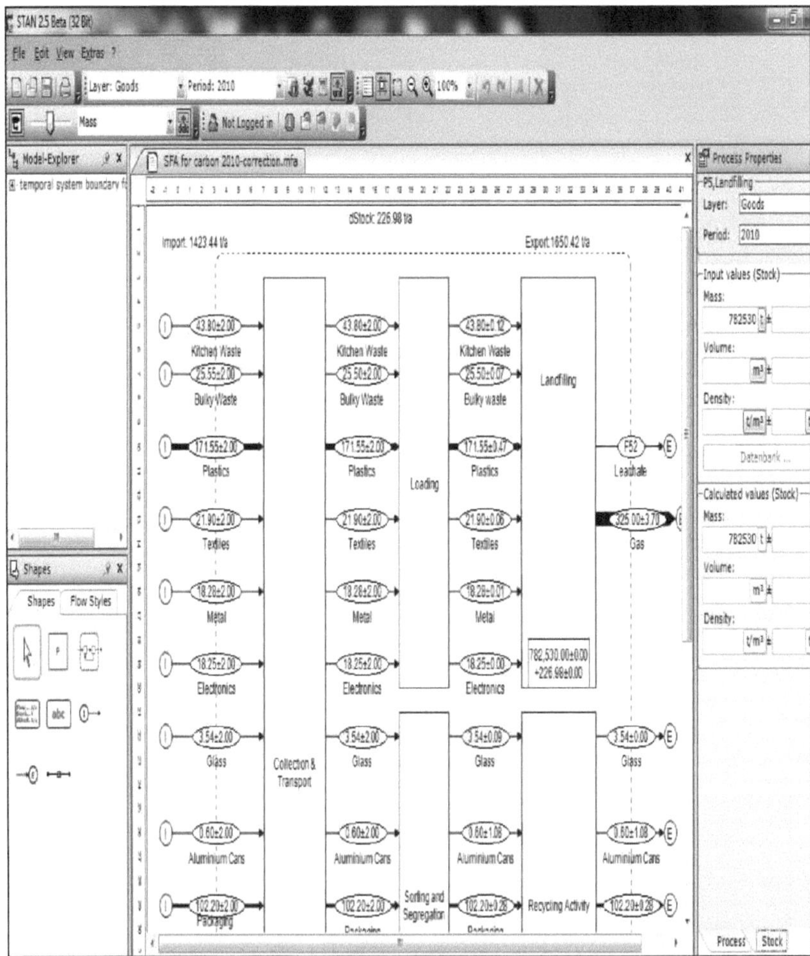

Figura 3.4: Interface gráfica do utilizador ou GUI do STAn.

Um gráfico do modelo com fluxos apresentados como setas Sankey (por exemplo, a largura de um fluxo é proporcional ao seu valor) pode ser impresso ou exportado para vários formatos gráficos, por exemplo, JPEG ou MS Excel. Os testes estatísticos são utilizados para detetar erros grosseiros num determinado conjunto de dados. Um sistema para este estudo é um aterro sanitário. Foi preparado um balanço de materiais para o período de um ano de deposição em aterro. Em qualquer sistema, cada fluxo está associado a um processo de origem e de destino que deve ser claramente identificado. As fronteiras do sistema definem a delimitação temporal e espacial do sistema em estudo.

3.5.2 Balanço global de massa no sistema de aterro sanitário

As fronteiras espaciais do sistema para este estudo incluem o corpo do aterro, a superfície do aterro e os processos ou ciclos dentro de um circuito de aterro sanitário tropical. Este sistema inclui instalações para o tratamento de gases e lixiviados. Os fluxos de materiais para um sistema são importações, enquanto os que saem do sistema são conhecidos como exportações. Os limites do sistema não incluem a recolha e o transporte de resíduos de e para o aterro. Um exemplo típico da análise de um sistema de aterro sanitário é apresentado na Figura 3.5. Os processos são representados por caixas simples e os fluxos por setas. Os modelos são concebidos a partir de elementos predefinidos, tais como processos, fluxos, fronteiras do sistema e campos de texto, de uma forma gráfica (Figura 3.5).

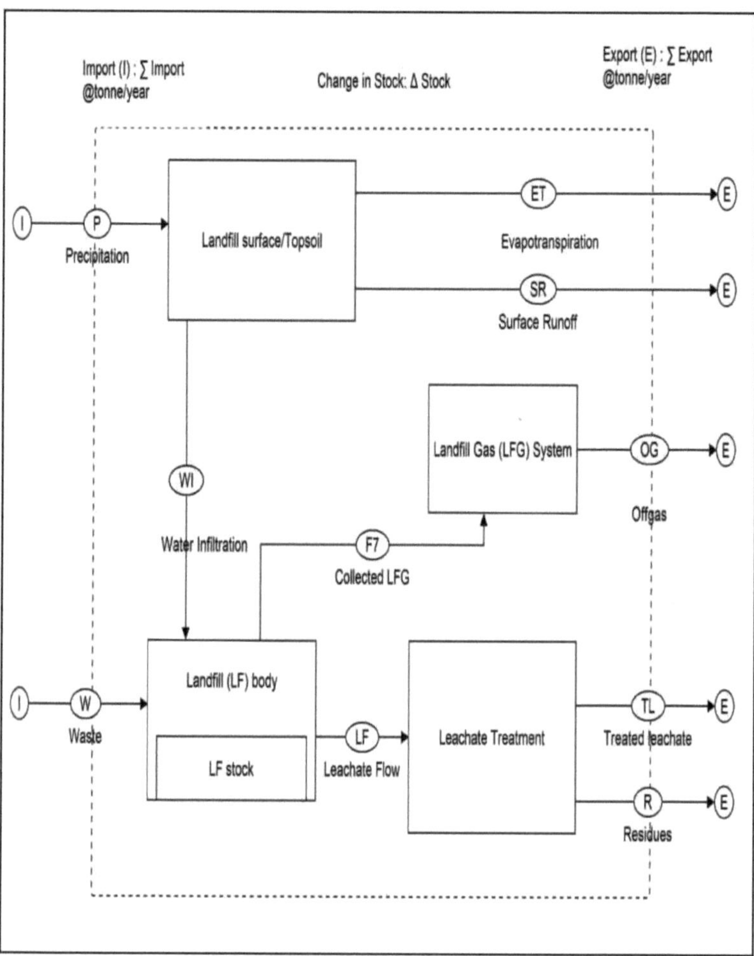

Figura 3.5: Definição e análise do sistema AMF numa representação gráfica da análise qualitativa do sistema JSL criada com o software STAn.

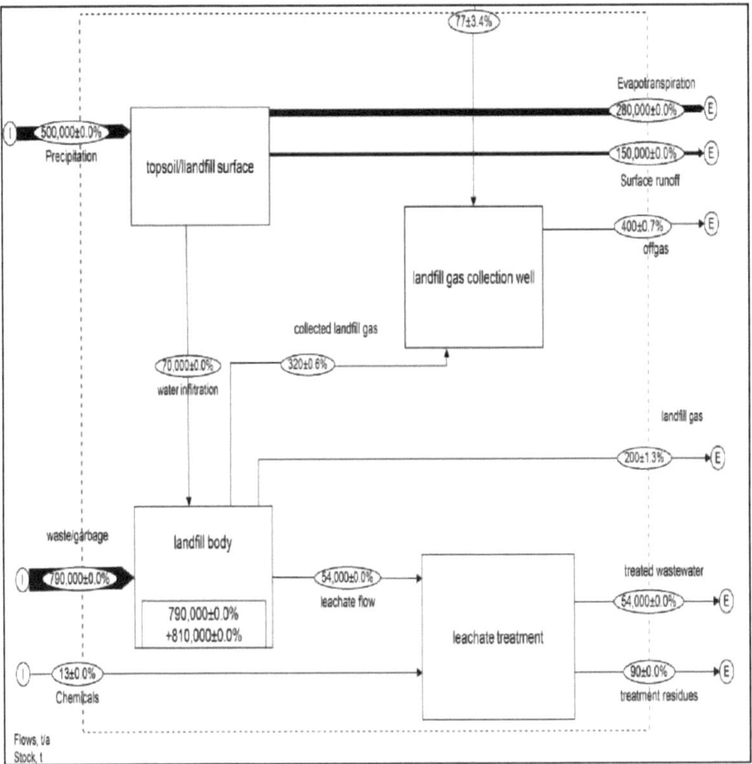

Figura 3.6: Apresentação típica dos resultados para um aterro sanitário.

Os dados de entrada (MSWinput) para este modelo foram 790 000 ± 10% . A saída foi exportada principalmente como gás de aterro e lixiviado. Assume-se que, no início de 2010, o aterro estava vazio e que, durante o período, não se registou qualquer alteração nas existências (Figura 3.6). Os dados (fluxos de massa, existências, concentrações e coeficientes de transferência) podem ser introduzidos manualmente com unidades e incertezas de dados para diferentes camadas de dados (1 x mercadorias, n x substâncias) e períodos de tempo. As unidades indicadas podem ser aplicadas ou definidas. Se forem necessárias outras unidades para além das apresentadas, o teclado pode ser utilizado para as introduzir diretamente após os valores. A unidade de visualização é sempre apresentada por defeito. Para o gráfico do modelo, os fluxos de massa e as existências serão automaticamente convertidos para as unidades de visualização. Assume-se que os dados incertos têm uma distribuição normal dada pelo valor médio e pelo desvio padrão. Para simplificar a introdução de dados, está disponível uma tabela de dados para todos os dados de entrada (Figura 3.7). Com a ajuda desta tabela, é possível agrupar os dados e importá-los ou exportá-los de ou para o Microsoft Excel. O desenho do STAn efectuado no Excel (interpretação gráfica dos dados, cálculo em folha de cálculo) é mostrado abaixo.

Process List - temporal system boundary for carbon (Goods, 2010)

Process name | Input/Output

Process	Flow	Flow name	Source process	Destination Process	Mass flow [t/a]	Mass flow (calcula
Process name: Loading						
Input						
P2	F13	Kitchen Waste	P1,Collection & Transport	P2.Loading	43.80±2.00	
P2	F14	Bulky Waste	P1,Collection & Transport	P2.Loading	25.50±2.00	
P2	F15	Plastics	P1,Collection & Transport	P2.Loading	171.55±2.00	
P2	F16	Textiles	P1,Collection & Transport	P2.Loading	21.90±2.00	
P2	F17	Metal	P1,Collection & Transport	P2.Loading	18.28±2.00	
P2	F18	Electronics	P1,Collection & Transport	P2.Loading	18.25±2.00	
Output						
P2	F32	Kitchen Waste	P2.Loading	P5.Landfilling	43.80±0.12	
P2	F33	Bulky waste	P2.Loading	P5.Landfilling	25.50±0.07	
P2	F34	Plastics	P2.Loading	P5.Landfilling	171.55±0.47	
P2	F35	Textiles	P2.Loading	P5.Landfilling	21.90±0.06	
P2	F36	Metal	P2.Loading	P5.Landfilling	18.28±0.01	
P2	F37	Electronics	P2.Loading	P5.Landfilling	18.25±0.00	
Process name: Collection & Transport						
Input						
P1	F10	Garden Waste		P1,Collection & Transport	295.56±2.00	
P1	F9	Kitchen Waste		P1,Collection & Transport	43.80±2.00	
P1	F8	Packaging Paper/cardboard		P1,Collection & Transport	102.20±2.00	
P1	F7	Aluminium Cans		P1,Collection & Transport	0.60±2.00	
P1	F6	Glass		P1,Collection & Transport	3.54±2.00	
P1	F5	Electronics		P1,Collection & Transport	18.25±2.00	
P1	F4	Metal		P1,Collection & Transport	18.28±2.00	
P1	F3	Textiles		P1,Collection & Transport	21.90±2.00	
P1	F2	Plastics		P1,Collection & Transport	171.55±2.00	
P1	F1	Bulky Waste		P1,Collection & Transport	25.55±2.00	
P1	F11	PET Bottle		P1,Collection & Transport	10.95±2.00	
P1	F12	Paper		P1,Collection & Transport	14.60±2.00	
P1	F38	Sewage Sludge		P1,Collection & Transport	273.75±2.00	
Output						
P1	F13	Kitchen Waste	P1,Collection & Transport	P2.Loading	43.80±2.00	
P1	F14	Bulky Waste	P1,Collection & Transport	P2.Loading	25.50±2.00	
P1	F15	Plastics	P1,Collection & Transport	P2.Loading	171.55±2.00	
P1	F16	Textiles	P1,Collection & Transport	P2.Loading	21.90±2.00	
P1	F17	Metal	P1,Collection & Transport	P2.Loading	18.28±2.00	

Figura 3.7: Tabela de dados com dados de entrada agrupados.

3.5.3 Análise do fluxo de substâncias para o carbono e o azoto

A incerteza das concentrações na entrada de resíduos foi calculada com base nos dados de Boldrin (2009) (como percentagem de matéria seca na massa de entrada); C = ±2,0 % e N= ±9,6%, salvo indicação em contrário. As incertezas iniciais das concentrações nas saídas foram assumidas como sendo de 10% para C e N (Andersen *et. al.*, 2010). A perda de materiais e compostos para a atmosfera durante o processo de deposição em aterro foi estimada pelo STAn para o C e o N. A concentração média de cada resíduo identificado foi multiplicada pela tonelagem recebida para obter o valor da respectiva concentração dentro da massa do aterro num ano. Os dados de entrada e os dados calculados foram apresentados num fluxo sistemático de material para cada tipo de resíduo (Figura 3.8).

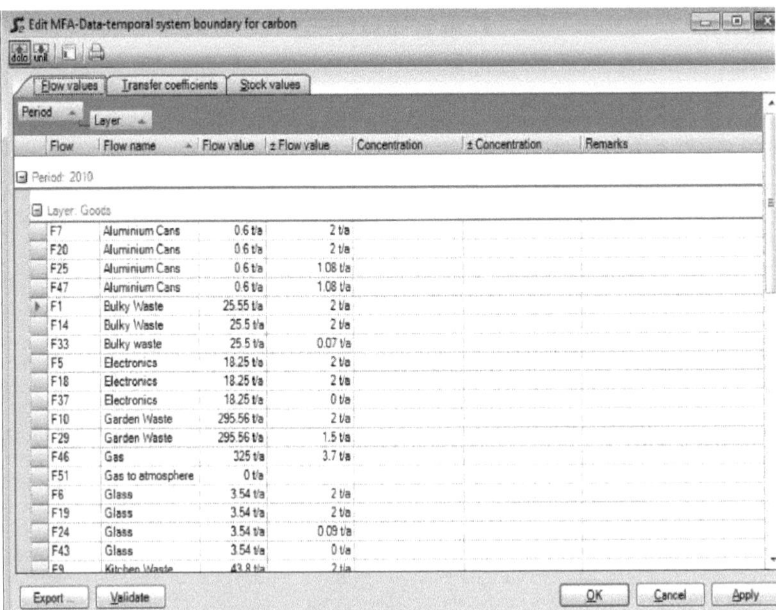

Figura 3.8 : Caixa de cálculo para a introdução de C e N

Capítulo 4

4.0 Resultados e discussão

4.1 Análise do sistema no aterro sanitário de Jeram (JSL)

4.1.1 Estudos de caraterização/composição de resíduos sólidos urbanos (RSU)

Verificou-se que os RSU recolhidos em JSL contêm papel, resíduos alimentares e de jardim e madeira, constituindo 62% dos RSU (Tabela 4.1), o que reflecte um cenário típico observado nos países em desenvolvimento, onde os orgânicos contribuem para quase metade do fluxo total de resíduos. (Zhu *et. al.,*2009; Hao *et. al.,* 2008; Fauziah *et. al.,* 2004; Agamuthu *et. al.,*2003; Banco Mundial,199). Os restantes são materiais inorgânicos, como metais, vidro, gesso/amianto da indústria da construção e demolição e outros minerais. Isto está tipicamente em conformidade com os RSU gerados a nível mundial a partir de serviços residenciais, comerciais, industriais, institucionais, de construção, de demolição e municipais (Banco Mundial, 1999 e 2012). Os resultados mostram que a maior parte dos resíduos eliminados no JSL são resíduos orgânicos, particularmente resíduos de cozinha (32%). Este valor é tipicamente semelhante ao de outros países em desenvolvimento, tal como referido pelo Banco Mundial (2012). O elevado conteúdo orgânico também indica que os aterros sanitários são adequados para a decomposição anaeróbia e a recuperação económica do gás metano. Em média, os resíduos de papel e de plástico contribuíram com 13% e 19%, respetivamente. De acordo com o Quadro 4.1, os resíduos de plástico contribuíram com 19%, o que é ligeiramente inferior à tendência típica. A composição dos resíduos de plástico na maioria dos países em desenvolvimento é de 11% (Banco Mundial, 2012). Este facto pode sugerir o estilo de vida moderno da população urbana. A utilização de plástico é inevitável a nível doméstico. Mohd Armi *et al.,* (2013) realizaram um estudo sobre a produção de RSU, tendo indicado que os resíduos de plástico contribuíam com 17%, enquanto os resíduos de papel representavam 29% do fluxo total de resíduos em Selangor. Os resíduos de cozinha foram os que mais contribuíram para os resíduos orgânicos (32%) em JSL. Um estudo semelhante mostrou que os resíduos orgânicos contribuíam com quase 40% do fluxo total de resíduos em Selangor (Mohd Armi *et. al.,* 2013). Pelo menos 50 toneladas de resíduos orgânicos são eliminadas diariamente no JSL. Estes resíduos incluem frutas, legumes provenientes de mercados húmidos e restaurantes e alimentos não consumidos. Os alimentos não consumidos devido a datas de validade (por exemplo, alimentos enlatados processados fora de prazo) também são comuns no JSL, variando entre 0,2 e 0,3 toneladas por dia. Os resíduos têxteis recebidos pelo JSL contribuíram com 3,7% (Tabela 4.1) do total de resíduos produzidos. A observação no JSL mostra que estes resíduos são gerados principalmente pelo sector industrial e comercial. No JSL, 9,25 toneladas de sucata de alumínio vão parar ao aterro todos os anos. A maior parte das latas de alumínio (1,39 toneladas/dia) foi recolhida por catadores durante a reciclagem no local. O elevado preço de mercado é um fator que motiva a reciclagem no local. Os resíduos sanitários (fraldas descartáveis, etc.) depositados no JSL devem ser considerados como uma tendência do ponto de vista social, tanto nos países em desenvolvimento como nos países desenvolvidos.

Tabela 4.1: Composição dos resíduos na JSL.

Tipo de resíduos	Tonelagem de resíduos (tonelada)	Composição dos resíduos (% base peso húmido)	Composição típica dos resíduos nos países em desenvolvimento (Banco Mundial, 2012, %)	Composição típica dos resíduos nos países desenvolvidos (Banco Mundial, 2012, %)
Resíduos orgânicos	52.3	32.4	58	50
Papel	21	13	15*	20*

Plástico macio	18.6	11.5	-	-
Plástico duro	13.8	8.5	11*	9*
Papel macio	11.6	7.2	-	-
Detritos	10	6.2	-	-
Vidro	9.7	6	2	3
Madeira	9	5.6	2.9	-
Têxtil	6	3.7	1.3	-
Estanho/Liga	4.3	2.4	-	-
Poliestireno	1.9	1.2	-	-
Latas de alumínio	1.6	1	-	-
Eletrónica (fios)	0.5	0.3	-	-
Metal	0.4	0.3	3	5
Resíduos sanitários (fraldas, etc.)	0.7	0.7	-	-
TOTAL	**161.4**	100	-	-

*O papel duro e o papel macio são geralmente apresentados como papel pelo Banco Mundial (2012).
*O plástico duro e o plástico macio são geralmente apresentados como plástico pelo Banco Mundial (2012).
Durante o primeiro ano de funcionamento do aterro, em 2007, a gestão do JSL estabeleceu um objetivo máximo de receção de resíduos com base na demografia da população e na frequência e procura dos clientes, incluindo a empresa de recolha de resíduos, a Solid Waste Company (SOWACO). Com base na Tabela 4.2, o objetivo máximo para 2007 foi de 569 561 toneladas. Em apenas 7 meses de funcionamento em 2007, o total de resíduos ultrapassou as 43 000 toneladas (um aumento de 18% em relação à projeção). Desde que a JSL iniciou a sua atividade em 2007, os resíduos recebidos mostram uma tendência crescente. No entanto, observou-se que houve um aumento significativo ou talvez acentuado dos resíduos recebidos em 2010 em comparação com 2009, que foi de 12 484 toneladas. Em junho de 2013, foi depositado em aterro um montante acumulado de 4,8 milhões de toneladas de resíduos.

Quadro 4.2: Resíduos acumulados depositados no JSL de 2007 a junho de 2013

Ano	Tonelagem	
	Por ano	Por dia
2007	569,561	1560
2008	730,547	2001
2009	752,547	2061
2010	740,063	2027
2011	736,644	2018
2012	819,840	2246
2013(até junho)	436,237	2390
CUMULATIVO	**4,785,439**	**12,903**

A Figura 4.1 mostra a tonelagem de resíduos depositados em aterro mensalmente na JSL de 2007 a 2010. Em 2011, foram depositadas 736 644 toneladas no JSL, enquanto em 2012 foram depositadas 819 840 toneladas de resíduos. Trata-se de um aumento de quase 10% nos resíduos depositados. Só até junho de 2013, foram depositadas 436 237 toneladas de RSU no JSL. A área de operação de deposição em aterro no JSL é de 48 hectares.

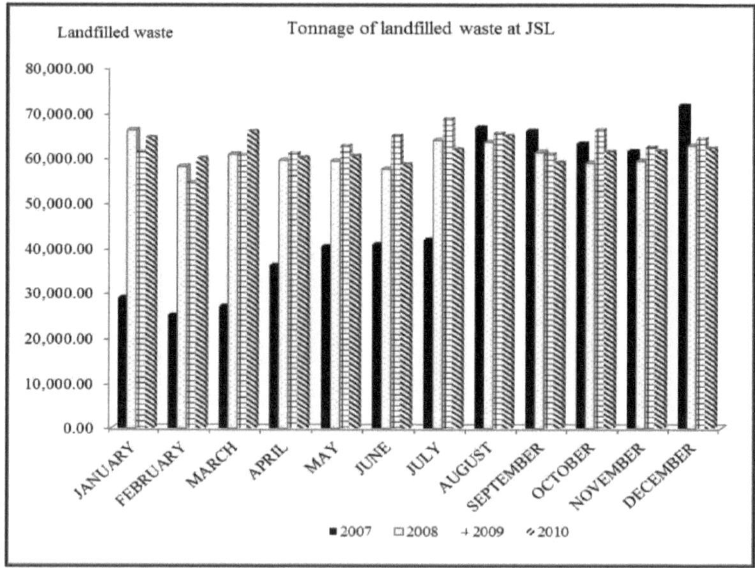

Figura 4.1: Tonelagem de resíduos depositados em aterro (tonelada) mensalmente na JSL de 2007 a 2010.

A Tabela 4.3 mostra os resíduos efetivamente recebidos mensalmente em comparação com o objetivo que a operação JSL deveria tratar. O objetivo de tonelagem diária é de 1400 toneladas por dia, enquanto a receção efectiva foi de 2002,36 toneladas por dia.

Tabela 4.3 : Resíduos efetivamente recebidos em comparação com o objetivo mensal no funcionamento do JSL de 2007 a 2010.

MÊS	2007	Objetivo	2008	2009	2010	Objetivo	CUMULATIVO
JANEIRO	28,908.17	42,000.00	66,063.18	61,382.12	64,484.62	60,000.00	2,117,141.23
FEVEREIRO	25,130.69	42,000.00	58,084.37	54,512.96	59,920.40	60,000.00	2,177,061.63
MARÇO	27,067.97	42,000.00	60,743.40	60,678.84	65,943.42	60,000.00	2,243,005.05
ABRIL	36,200.31	42,000.00	59,460.74	60,945.73	60,015.72	60,000.00	2,303,020.77
MAIO	40,409.55	42,000.00	59,293.31	62,583.54	60,445.87	60,000.00	2,363,466.64
JUNHO	40,821.02	42,000.00	57,494.25	64,831.57	58,594.04	60,000.00	2,422,060.68
JULHO	41,850.28	42,000.00	63,830.90	68,587.17	61,873.48	60,000.00	2,483,934.16
AGOSTO	66,831.73	42,000.00	63,474.49	65,475.48	64,920.58	60,000.00	2,548,854.74
SETEMBRO	66,030.61	42,000.00	61,267.84	60,838.93	58,992.98	60,000.00	2,607,847.72
OUTUBRO	63,154.70	42,000.00	58,854.38	66,156.49	61,329.54	60,000.00	2,669,177.26
NOVEMBRO	61,516.05	42,000.00	59,338.59	62,244.53	61,470.19	60,000.00	2,730,647.45
DEZEMBRO	71,640.27	42,000.00	62,642.34	64,310.11	62,073.07	60,000.00	2,790,647.45
TOTAL	569,561.35	504,000.00	730,547.79	752,547.47	740,063.91	720,000.00	**2,792,720.52**

A Figura 4.2 mostra que, em 3 anos (de 2007 a 2010), os resíduos recebidos provinham principalmente de 3 fontes principais: município/câmara municipal, empresa de resíduos sólidos (SOWACO), empresa de recolha de resíduos especiais e fontes não significativas classificadas como "outros". Cada contribuição é a seguinte: município/câmara municipal com 57628,38 MT, empresa de resíduos sólidos (SOWACO) com 455,96 toneladas, especial com 2622,12 e outros não classificados com 1366,58 toneladas. Os dados mais recentes sobre o volume em 2013 da gestão do JSL mostram que foram eliminadas 750 213 toneladas, o que faz com que o acumulado atinja 5 021 147 toneladas de resíduos em 7 anos de operações de deposição em aterro. O rácio de crescimento anual do volume de resíduos é de 1,01 por ano.

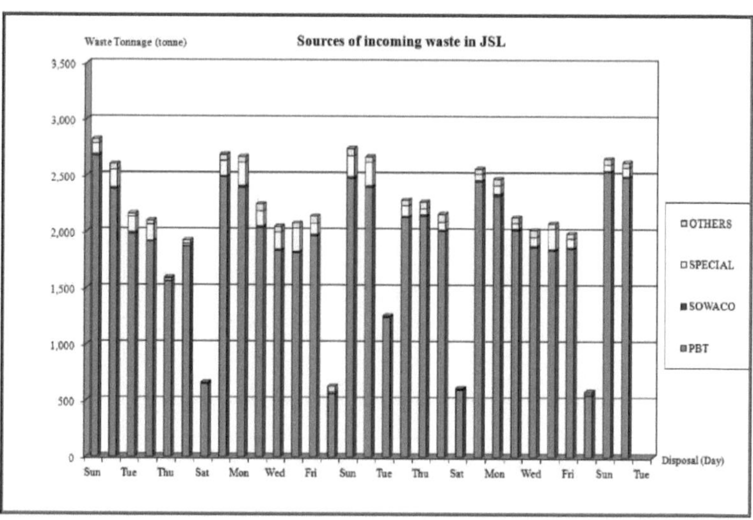

Figura 4.2: 3 principais fontes de entrada de resíduos (Acrónimo: PBT: Câmara Municipal, SOWACO: Empresa de Resíduos Sólidos, Outros, Resíduos Especiais).

1.1.1 Análises físicas e químicas de lixiviados e águas pluviais

O JSL tem recebido uma elevada quantidade de precipitação com um máximo de 3000 mm por ano e uma temperatura ambiente entre 37° C e 40° C, o que torna o aterro do JSL quente e húmido. A análise química efectuada à água da chuva no JSL indicou que esta era ácida, com um valor de pH que variava entre 4,48 e 6,82. A concentração de NH4-N na chuva situa-se entre 3,23 e 3,27 mg/l. Atualmente, uma média de 150 m^3 de lixiviados por dia vai para o tratamento de lixiviados e, durante a estação das chuvas, o volume aumenta para 210 m^3 por dia.

Os dados iniciais sobre o teor de N e C eram relativamente baixos, 0,1 e 0,2 %, respetivamente. O carbono elementar neste estudo foi tipicamente carbono orgânico dissolvido (DOC), o que está em conformidade com o estudo clássico em ambiente terrestre (John *et. al.*, 1983). Quanto ao lixiviado bruto, o teor de N e o teor de C foram registados em 3,45 e 9,34%, respetivamente (Tabela 4.4).

Tabela 4.4: Análise química para o carbono e o azoto da água da chuva e do lixiviado bruto do JSL

Marcação de amostras	Parâmetro de teste	Método de ensaio	Resultado (%)
Água da chuva	Azoto N	ASTM E778-87	0.1
	C	ASTM E 949	0.2
Lixiviado bruto	N	ASTM E778-87	3.45
	C	ASTM E 949	9.34

1.1.2 Emissões da compostagem em pequena escala.

A compostagem é considerada uma atividade secundária na JSL. A prática habitual para a compostagem é fazê-la *no local*, em ambiente ao ar livre. A mistura de composto era uma tonelada de lamas domésticas com três toneladas de aparas de madeira. O composto jovem foi misturado com pás. A pilha de composto final tem um metro de altura. A produção de composto maduro foi de 3 toneladas por dia. Foram produzidas cerca de 21 toneladas de composto final por semana. Os gases com efeito de estufa, como o CH4, o CO e o NH3, emitidos durante o processo de compostagem, não são controlados nem tratados pela gestão da JSL, sendo emitidos diretamente para a atmosfera. A monitorização semanal da emissão de gases passivos efectuada *in situ,* tanto no ar ambiente como no composto maduro, confirmou a observação inicial de que a emissão de gases com efeito de estufa da instalação de compostagem não está concentrada e é relativamente muito baixa (entre 0 e 4 ppm). Uma monitorização contínua de oito semanas registou a ausência de metano e dióxido de carbono, tanto no ar ambiente como no composto. A Figura 4.3 mostra a monitorização semanal dos gases do composto maduro na JSL.

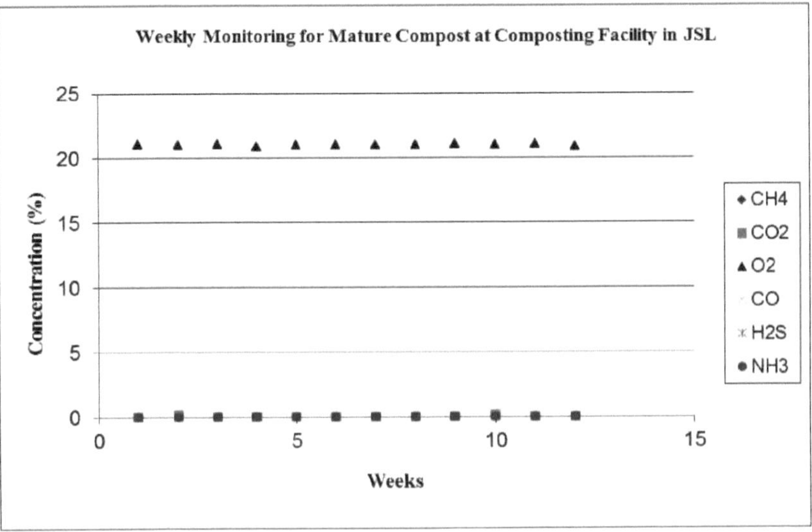

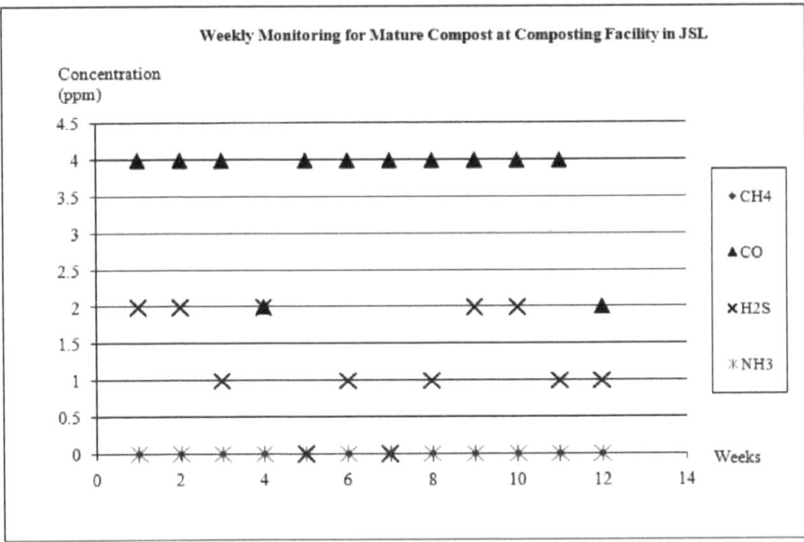

Figura 4.3: Monitorização semanal de gases no JSL para composto maduro durante 12 semanas.
A compostagem envolve a degradação da matéria orgânica causadora. No JSL, o tipo de lamas utilizadas são as lamas domésticas maduras e com baixo teor de água. No entanto, o CO era quase insignificante. Para o ar ambiente, a concentração de CO era de 2 ppm, enquanto o CO do composto era de 4 ppm. Esta leitura é quase negligenciável após a conversão para percentagem (menos de 0,01%) da composição do gás de aterro utilizando a fórmula básica em que 1% = 10000 ppm. Foram também registados vestígios de gás, por exemplo sulfureto de hidrogénio, com concentrações entre 1 e 2 ppm em todas as semanas. O NH3, um dos gases típicos

libertados pela produção de composto, não foi detectado (0 %) durante as oito semanas de observação. Por conseguinte, o fluxo de azoto proveniente da instalação de compostagem de pequena escala na zona do aterro foi quase insignificante e não significativo para ser considerado neste estudo.

4.2 Caracterização e fluxo de RSU no JSL

4.2.1 Análise quantitativa dos RSU como entrada de resíduos

O sistema estudado para esta investigação é um aterro sanitário. Foi elaborado um balanço de materiais para o período de um ano de deposição em aterro sanitário. Em qualquer sistema, cada fluxo está associado a uma origem e a um destino no processo que foram claramente identificados. As fronteiras do sistema definem a delimitação temporal (isto é, o tempo) e espacial (isto é, o espaço) do sistema sob investigação. As fronteiras espaciais do sistema para este estudo incluem o corpo do aterro, a superfície do aterro e os processos ou ciclos dentro de uma malha de aterro sanitário tropical. Este sistema inclui instalações para o tratamento de gases e lixiviados. Os materiais que fluem para um sistema são designados por importações, enquanto os que saem do sistema são conhecidos por exportações. A fronteira do sistema estudado é apresentada na Figura 4.5, que mostra a análise do fluxo de massa (em toneladas/ano) em JSL. Esta análise do sistema consiste na superfície do aterro, no corpo do aterro, na recolha dos gases do aterro e no tratamento dos lixiviados, incluindo o próprio processo de deposição em aterro. Alguns dos componentes influentes estão a contribuir para a fronteira espacial do sistema. A fronteira espacial do sistema é normalmente fixada pela área geográfica em que os processos estão localizados (Bruner & Rechberger, 2005). Por conseguinte, para além da carga de resíduos, há que ter em conta a precipitação. As principais saídas são principalmente os gases de aterro e os lixiviados. A fronteira do sistema não inclui a recolha e o transporte de resíduos de e para o aterro. A Figura 4.5 apresenta um exemplo típico de análise de um sistema de aterro sanitário. Os processos são representados por caixas e os fluxos por setas. Os modelos são concebidos a partir de elementos predefinidos, tais como processos, fluxos, fronteiras do sistema e campos de texto, de uma forma gráfica (Figura 4.4).

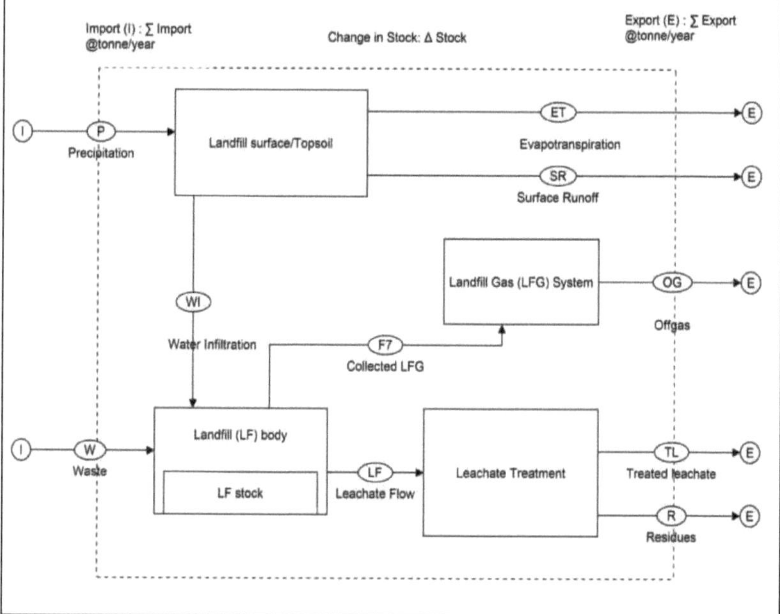

Figura 4.4: Limite do sistema identificado no estudo do Aterro Sanitário de Jeram (Modelo Qualitativo do Sistema modificado de Spaun, 1995)

4.2.2 Análise quantitativa da produção de resíduos: Lixiviados e gases com efeito de estufa

O sítio JSL consideravelmente novo, com 4 anos de idade, com uma profundidade de solo superficial entre 150 e 300 mm como cobertura diária, permite que a chuva percole verticalmente e se acumule como lixiviado (> 14%) com alguma perda na evapotranspiração (> 56%) ou escoamento superficial (> 30%) (ver Figura 4.6) com base nos princípios dos componentes do balanço hídrico (Agamuthu et. al., 2010). Esta secção abordará esta questão em pormenor. O tipo de solo utilizado para a cobertura diária é o franco-argiloso, que tem uma elevada retenção de água e uma baixa porosidade. Isto reduzirá a percolação da chuva que, eventualmente, vai para o tratamento de lixiviados. Quanto maior for a percolação, maior será a quantidade de lixiviados gerados (EPA, 1991). A capacidade de armazenamento do solo de cobertura é suficientemente elevada para que a percolação seja baixa (Wenjie & Cheng, 2013). A espessura da cobertura diária do solo argiloso entre 150 e 300 mm afecta a capacidade de armazenamento e o balanço hídrico no JSL. A compactação diária do solo tem impacto na densidade aparente do solo e, uma vez que os solos argilosos têm uma elevada capacidade de armazenamento de água, são relativamente adequados para utilização diária. Densidades aparentes mais elevadas podem reduzir a capacidade de armazenamento do solo (Chadwick, 1999; Hauser, *et. al*, 2001). Atualmente, uma média de 150 m^3 de lixiviados por dia vai para o tratamento de lixiviados e, durante a estação das chuvas, o volume aumenta para 210 m^3 por dia.

A Figura 4.5 mostra o fluxo de material esquemático do JSL, envolvendo entradas como precipitações e resíduos sólidos e saídas em termos de geração de lixiviados que podem contaminar as águas subterrâneas e as áreas circundantes (Barnswell & Dywer, 2011) e também a evapotranspiração. A quantificação das entradas e saídas num sistema dinâmico como o aterro sanitário destina-se a assegurar um estado de equilíbrio, tendo em conta o stock de substâncias na massa do aterro, as emissões de substâncias e a concentração de substâncias. Isto é mostrado na Figura 4.5 onde a entrada é quantificada em 1.267.020 toneladas com uma mudança no stock do aterro em 782.530 toneladas.

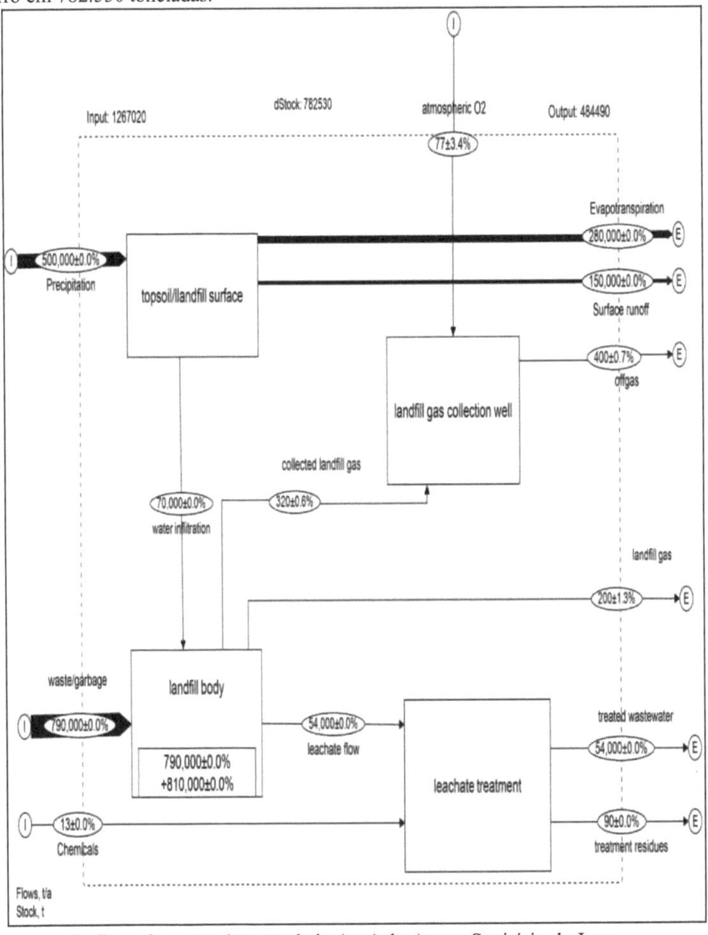

Figura 4.5: Análise do fluxo de massa (em toneladas/ano) do Aterro Sanitário de Jeram.

4.3.1 Precipitação em termos de precipitação em JSL

O fluxo de lixiviado neste estudo é contabilizado principalmente a partir da precipitação. Atualmente, uma média de 150 m³ de lixiviado por dia vai para a instalação do reator de lotes sequenciais. Os resíduos num país tropical, especialmente na Malásia, são húmidos, com um teor de humidade de aproximadamente 65% a 70% (Agamuthu 2001; Nasir *et. al.* 1999). O local de JSL, consideravelmente novo, com 4 anos de idade, com uma profundidade de solo superficial entre 150 e 300 mm como cobertura diária, permite que a chuva percole verticalmente e se acumule como lixiviado (> 14%) com alguma perda na evapotranspiração (> 56%) ou escoamento superficial (> 30%) . Com base nos princípios dos componentes do balanço hídrico (Agamuthu *et al.,* 2010), está provado que o solo argiloso diminui a taxa de percolação e favorece o escoamento superficial devido à sua elevada propriedade de retenção de água. O volume típico de precipitação recebido, exceto na estação seca, por exemplo em 2009, 2010 e 2013, foi registado em 1570, 1404 (o mais baixo) e 1702 mm, respetivamente (Figura 4.6).

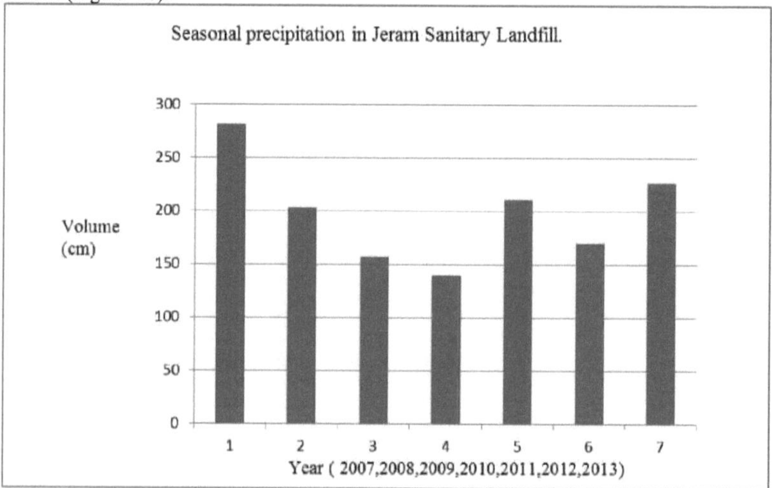

Figura 4.6: Precipitação sazonal em termos de precipitação em JSL desde o ano 2007 até 2013

A precipitação mais elevada registou-se em 2007, durante o funcionamento do aterro, com 2813 mm. Em 2013, o volume foi de 2266 mm. Estes exemplos clássicos mostram que, para climas onde a precipitação anual é inferior a 400 mm, praticamente toda a precipitação é evapotranspirada (Christensen, 1992). No JSL, há 56% de perda de humidade em termos de evapotranspiração, enquanto a perda como escoamento superficial é superior a 30%. Manaf *et al.* (2009) indicaram que a evapotranspiração é elevada apesar do elevado volume de precipitação sazonal com uma humidade média do ar de 80%. A eficiência medida da evapotranspiração do lixiviado de aterro sanitário dependia principalmente das propriedades físicas e químicas do lixiviado de aterro sanitário e das espécies de plantas aplicadas (Bialowiec, 2007). Com base nos cálculos, o escoamento superficial de 30%, que é significativamente elevado, sugere uma grande capacidade de retenção de água, em que os materiais residuais podem ter retido uma quantidade de água e também ter uma baixa taxa de percolação, resultando numa taxa de escoamento mais elevada.

4.3.2 Balanço hídrico (lixiviados e precipitação)

A concentração do lixiviado apresentada no Quadro 4.9 diminui ao longo de um período de 3 a 5 anos, incluindo certos elementos metálicos como Fe, Zn, P, Cl, Na, Cu, N orgânico, Sólidos Suspensos Totais (SST) a 2,31±1,08, 0,049±0,008, 46,66±5,77, ND (<0,01), 0,01±0,001, 2,5±0,5, 0,0066±0,01 mg/l, respetivamente (Quadro 5.1). Esta tendência aplica-se geralmente aos constituintes orgânicos e aos indicadores orgânicos gerais (carência biológica de oxigénio (CBO), carência química de oxigénio (CQO) e carbono orgânico total (COT) (Qasim & Burchinal, 1970 e Walsh & Kinman, 1979). A diminuição constante é atribuída à lavagem contínua dos resíduos e ao facto de os materiais facilmente decomponíveis e solúveis terem sido removidos para a via do lixiviado. As composições do lixiviado diferem em termos de constituintes químicos e biológicos à medida que a idade do aterro aumenta ou amadurece. Também varia muito consoante o tipo e a idade dos resíduos (Fatima *et. al.,* 2012). A concentração do lixiviado tende a diminuir à medida que a idade do aterro aumenta, o que melhora a qualidade do lixiviado (Chian & De Walle, 1976; Boltan & Evans,1991; Ragel *et al.* 1995; e Fatta *et al.,* 1998). Esta variação depende de muitos factores, tais como a composição dos resíduos, os níveis de degradabilidade, a solubilidade, as condições geológicas e a idade do aterro. A CQO foi registada em 47300±2454,2 mg/l e a CBO em 1540±223,17 mg/l. A CQO é um indicador fiável como parâmetro de referência para determinar o balanço de massa de carbono num aterro, uma vez que mede a matéria orgânica no lixiviado. O JSL está em funcionamento ativo há menos de 5 anos, o que se considera pertencer à fase jovem em termos de idade do aterro. Os lixiviados de aterros jovens são normalmente caracterizados por uma elevada CBO (4.000 a 13.000 mg/l) e CQO (30.000-60.000 mg/l). Têm também um elevado teor de azoto amoniacal (500 a 2000 mg/l) e uma elevada relação CBO/CQO (entre 0,4 e 0,7) (Chian & De Walle 1976, Alvarez-Vazquez *et. al.*, 2004). As leituras de CBO e CQO do lixiviado de JSL estão de acordo com a literatura encontrada, conforme mencionado. A Tabela 4.5 apresenta um resumo da classificação dos lixiviados de aterro em função da idade

Quadro 4.5 Classificação dos lixiviados de aterros em função da idade (Chian & De Walle 1976, Alvarez-Vazquez *et.al*, 2004)

	Tipo de lixiviado	Jovem	Intermediário	Antiga	JSL
	Idade (anos)	< 5	5- 10	>10	5
	pH	<6.5	6.5-7.5	>7.5	7.5
	CQO (mg/L)	>10,000	4,000 10,000	<500	47300
Caraterísticas selecionadas do lixiviado	CBO/COD	0.5-1.0	0,1 a 0,5	<0.1	0.03
	CBO/TOC	>2.8	2- 2.8	<2	225
	TOC/COD	<0.3	0.3-0.5	>0.5	(<0.01)
	Azoto total de Kjehdahl (mg/l TKN)	0.1-0.2	N.A	N.A	2.5
	Metais pesados (mg/l)	Baixo a médio (>2)	Baixo (<2)	Baixo (<2)	Referir Quadro 4.6
	Biodegradabilidade	Elevado	Médio	Baixa	Médio
	Tratamento biológico	Bom	Justo	Justo	Sim
Eficiência do tratamento (McBean *et al.* 1982, Lema *et.al.*, 1988)	Precipitação química	Pobres	Justo	Justo	Sim
	Oxidação química	Pobres	Justo	Justo	Sim

Ozonização	Pobres	Justo	Justo	Sim
Osmose inversa	Justo	Bom	Bom	Sim
Carvão ativado	Pobres	Justo	Justo	Não

O azoto amoniacal foi responsável pela maior parte do azoto presente no lixiviado. Registou-se um valor de 600±43,08 (mg/l NH3-N). O rácio CBO/COD como nível de biodegradabilidade de materiais registada a 0,03 foi excecionalmente baixa, sugerindo uma elevada toxicidade do lixiviado. As concentrações elevadas de CBO e CQO, bem como o rácio CBO/CQO, diminuem com o tempo num aterro, o que significa estabilidade do lixiviado. Os resultados registados para a CBO, a CQO e o rácio CBO/CQO estão em conformidade com a literatura, mostrando que o lixiviado passa rapidamente para a fase de estabilização e maturidade. Chian & De Walle (1976) referiram que o rácio CBO/CQO diminui rapidamente de 0,70 para 0,04 à medida que o aterro envelhece. O grau de estabilização dos resíduos sólidos tem um efeito significativo nas caraterísticas do lixiviado no JSL, resultando num rácio CBO/COD baixo (0,03) e numa concentração bastante elevada de NH3-N (600±43,08 mg/l NH3-N. (Tabela 4.6). O carbono orgânico total (COT) foi registado como sendo 6,84±0,5 mg/l. Este valor é ligeiramente superior ao TOC registado por Wang *et. al,* (2013) que se situava entre 3,88 e 4,45 mg/l. O azoto total de Kjeldahl (mg/l TKN) foi de 2,5±0,5 mg/l. Outros resultados mostraram que o azoto orgânico (TKN) foi registado a 35 mg/l (Kulikowska & Klimiuk, 2004). A diferença pode ser causada pelas caraterísticas do lixiviado entre o aterro intermédio e o maduro. Os parâmetros escolhidos de TOC e TKN são universais e utilizados para o cálculo do software no estudo de análise de fluxo. O teor relativamente baixo de COT através do trajeto do lixiviado está de acordo com a literatura clássica, segundo a qual menos de 1% das emissões totais de carbono dos aterros de RSU podem ser encontradas no lixiviado (Baccini *et. al.,* 1987; Huber *et. al.,* 2004), apesar do elevado volume de precipitação.
Table 4.5 apresenta as caraterísticas físicas e químicas do lixiviado bruto retirado da estação de tratamento de lixiviados da JSL. A CQO registada foi de 47300±2454,2 mg/l. A CQO é um indicador fiável ou um parâmetro de referência para determinar o balanço da massa de carbono no aterro, uma vez que mede a matéria orgânica no lixiviado, enquanto o Oxigénio Dissolvido (OD) foi registado como 4,30±0,09 mg/l. O tratamento de lixiviados no JSL também cumpriu a Norma B do Regulamento de 2009 relativo à Norma de Lixiviados. A norma é mais rigorosa para garantir que os metais pesados, como o Pb, o Cd e o As, são tratados com segurança e dentro da gama normalizada.
Quadro 4.6: Caraterísticas físico-químicas do lixiviado bruto retirado da estação de tratamento de lixiviados (EQA B é a norma B da Lei da Qualidade Ambiental da Malásia)

Parâmetro	Concentração	EQA 1974 (Norma relativa aos lixiviados de 2009)	
		Std A	Std B
PH	7.45±0.1	6-9	5.5-9
Temperatura (º C)	25.96±0.15	40	40

Salinidade (CaO3)	0.236±0.02		
Condutividade (CaCO3) ppm	457±23.5		
Turbidez	4143.33±7.63		
Oxigénio dissolvido (mg/l)	4.30±0.09		
CBO (mg/l)	1540±223.17	20	50
CQO (mg/l)	47300±2454.2	120	200
Sólidos totais em suspensão (TSS) (mg/l)	0.0066±0.01		
Sólido dissolvido total (TDS)	1731.66±7.63	50	100
Cloreto (mg/l Cl-)	46.66±5.77		
Alcalinidade (mg/l CaCO3)	90±10.8		
Dureza (mg/l Ca & Mg)	1.10±0.01		
Carbono orgânico total (TOC) (mg/l)	6.84±0.5		

Azoto de amónio (mg/l NH3-N)	600±43.08	20	50
Azoto nitrato (mg/l NO3-N)	1.13±0.23	10	10
Nitrogénio nitrito (mg/l NO2-N)	0.45±0.11		
Azoto total Kjeldahl (mg/l TKN)	2.5±0.5		
Azoto inorgânico (mg/l N)	0.23±0.05		
Azoto total (mg/l N)	2.63±0.23		
K	ND (<0,01)		
Sulfureto (Na2SO4)	10±2		
Ca	48.94±13.45		
Mg	65.26±3.48		
Pb	0.046±0.004		0.1
Cd	ND (<0,01)		0.01

Se	ND (<0,01)		0.02
Al	1.69±0.82		10
Mn	0.26±0.16		0.2
Cu	0.01±0.001		0.2
Zn	0.049±0.008		2
Fe	2.31±1.08		5
Como	0.14±25.44		0.05
Na	ND (<0,01)		

A CQO não distingue entre matéria orgânica biologicamente disponível e matéria orgânica inerte. O COT foi de 6,84±0,5 mg/l e o COT é o parâmetro de referência escolhido no balanço de massa de carbono. A eficácia dos processos de tratamento de lixiviados varia com os lixiviados de aterros de diferentes idades (Fatima *et. al,* 2012). O tratamento biológico é comprovadamente mais eficaz no tratamento de lixiviados de aterros relativamente jovens, como o JSL, enquanto os métodos físicos e químicos têm demonstrado melhor desempenho no tratamento de lixiviados antigos (Cook & Foree,1975; Boyle & Ham, 1974). A CBO foi registada em 1540±223,17 mg/l, o que é consideravelmente elevado. Um resumo das considerações práticas na utilização de diferentes processos de tratamento de lixiviados é apresentado no Quadro 4.9 (Lema *et. al.,* (1988). O pH do lixiviado foi registado a 7,45, o que está em conformidade com estudos anteriores para aterros jovens. Foi efectuada uma análise completa do azoto em termos de azoto amoniacal 600±43,08 mg/l, azoto nítrico 1,13±0,23 mg/l, azoto nitrito 0,45±0,11 mg/l e azoto total Kjehdahl ou TKN 2,5±0,5 mg/l. O TKN é o parâmetro escolhido para o cálculo do balanço do azoto. O pH dos aterros sanitários varia muito em todo o mundo. No JSL, o pH é ligeiramente 7, o que é típico. Normalmente, os aterros jovens têm um valor inferior a pH 7 (ácido) e os aterros maduros têm um valor superior a pH 7 (alcalino). Isto deve-se ao facto de os aterros jovens se encontrarem na fase acidogénica, em que a hidrólise da matéria orgânica está a ser ativamente realizada, resultando na produção de ácidos orgânicos. Os metais pesados, como por exemplo o plúmbio (Pb) e o arsénio (As), também estão presentes no lixiviado, com valores de 0,046±0,004 e 0,14±25,44 mg/l, respetivamente.

Os resíduos podem conter materiais perigosos, tais como pilhas alcalinas. O cádmio (Cd) não é detectado, possivelmente devido à sua baixa concentração. Os metais preciosos, como o alumínio (Al) e o cloreto (Cl) na forma iónica, são úteis para tratar efluentes que contenham sólidos suspensos, óleos e gorduras, e até poluentes orgânicos e inorgânicos que possam ser floculados utilizando a eletrocoagulação (EC) (Chen, 2004). O Total de Sólidos Suspensos (TSS) é significativamente baixo, 0,0066±0,01 mg/l, enquanto o Total de Sólidos Dissolvidos (TDS) foi registado como sendo 1731,66±7,63 mg/l. No entanto, a utilidade deste metal não é discutida em pormenor, uma vez que apenas o carbono e o azoto são objeto de preocupação neste estudo. Vale a pena notar a importância entre o lixiviado fresco (amostragem direta do camião) e o lixiviado da estação de tratamento. Um aspeto importante é que o rácio CBO/COD para a amostra de lixiviado é inferior a 0,1 (entre 0,02 e 0,03, respetivamente) (Quadro 4.9). Na avaliação inicial do lixiviado, um rácio CBO/COD mais elevado significa que parte do material orgânico no lixiviado é biodegradável, enquanto valores de rácio mais baixos (<0,1) significam que a maior parte da parte orgânica foi biodegradada em material biologicamente inerte (Kulikowska & Klimiuk, 2008). Isto sugere que o lixiviado fresco é mais reativo em termos de biodegradabilidade orgânica, enquanto o lixiviado que permaneceu durante um período de tempo na estação de tratamento pode deteriorar a eficiência da remoção de material orgânico no lixiviado. A Figura 4 mostra a percentagem do balanço de massa de C dos resíduos depositados em aterro. 2,12 % do COT é a principal fonte de carbono orgânico no aterro. O tapete de borracha e o contentor de plástico têm, cada um, 3,15 e 1,24%, respetivamente. São artigos combustíveis adequados para incineração (Chapman *et. al.*, 2009). As latas de alumínio e o estanho/liga, por outro lado, registam 0,1%, o que é significativamente baixo. Os resíduos de cozinha foram registados em 0,8% e o COT contém normalmente uma humidade elevada constituída por fracções orgânicas (frutas, legumes, etc.). Os materiais sintéticos, como os materiais à base de borracha, também contêm COT e têm valor calorífico. Em termos de opções de gestão de resíduos, o papel de embalagem, as garrafas minerais e os plásticos devem optar pela reciclagem em vez da incineração, com base no estudo de análise de fluxo.

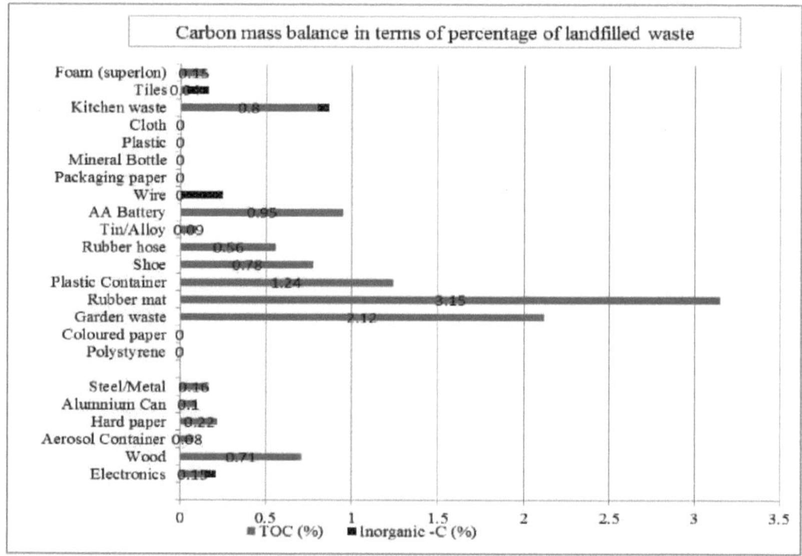

Figura 4.7 Percentagem de C nos resíduos depositados em aterro

A maioria dos resíduos não se encontra no seu estado natural de composto puro. Alguns resíduos têm outros aditivos adicionados para satisfazer as necessidades do produto, para serem mais atractivos ou duráveis. As latas de alumínio e as embalagens de aerossóis, por exemplo, têm rótulos para diferenciar os produtos que contêm uma percentagem mínima ou insignificante de COT devido ao estado de sujidade e à heterogeneidade dos resíduos no aterro. A Figura 4.8 mostra a percentagem do balanço de massa de N nos resíduos depositados em aterro. Os resíduos de cozinha, com 0,27% de TKN, são o composto de azoto mais elevado nos resíduos, enquanto os resíduos de jardim foram registados com 0,21% de TKN. O papel e a madeira têm ambos 0,15 e 0,11% de TKN. O plástico tem um teor baixo, com apenas 0,1% de TKN. O azoto inorgânico está presente apenas nos resíduos de cozinha e nas garrafas minerais, com 0,05% de TKN, respetivamente. Os balanços de massa mais representativos baseiam-se na análise frequente de componentes de gases e lixiviados, e a análise baseia-se em amostras de resíduos sólidos. O N é uma das saídas do lixiviado no JSL, e a concentração total de N foi notavelmente elevada, entre 2,84% e 3,45% de saídas de N. Este valor é ligeiramente baixo para o teor de N nos resíduos de plástico, registado em apenas 0,1 ± 0,01%, enquanto Chuanbin *et al.* (2014) registaram um teor médio de N de 1,045 ± 1,055% em plásticos depositados em aterro.

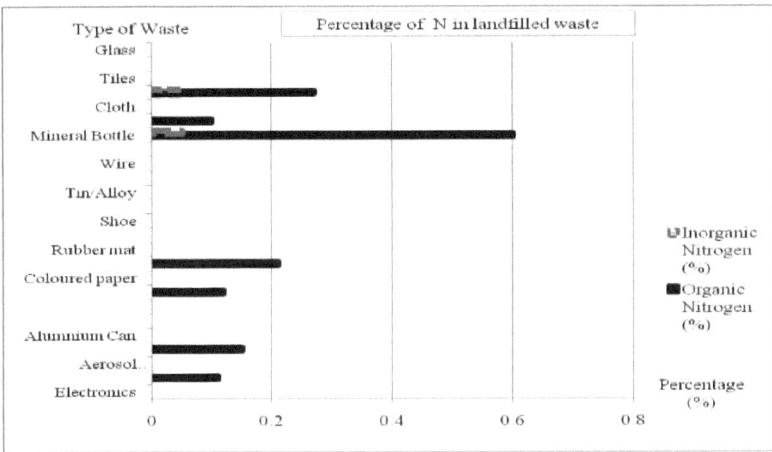

Figura 4.8 Percentagem de N nos resíduos depositados em aterro.

4.4 Emissão de gases de aterro (LandGEM)

4.4.1 Projeção de emissões de gás de aterro (LFG) para 10 anos

Desde que o JSL começou a funcionar em 2007, não foram registados quaisquer dados em termos de produção e captura de gás durante os seus dois anos de funcionamento. O gás de aterro (LFG) é uma das fontes de energia úteis no futuro, por exemplo, na produção de energia (fornecimento elétrico), vapor, calor ou gás de qualidade de gasoduto (Dudek *et. al.*, 2010). A projeção das emissões de gás de aterro foi gerada utilizando o software LandGEM versão 3.02.

Em 2009, o GFV gerado foi de 3.238 m³ /h, enquanto que em 2010 e 2011, a geração foi de 3.872 e 4.345 m³ /h, respetivamente. A análise de fluxo neste estudo quantificou a saída dos resíduos depositados em aterro sanitário considerando a entrada e o estoque de material que entra na estrutura do aterro sanitário. O LFG gerado em 2012 foi de 4.731 m³ /h, enquanto 2.365 m³ /h foi capturado como parte da colheita de energia do aterro sanitário. A eficiência de captura de energia é quase (49,9%) da geração horária. Uma vez que 2008 foi o primeiro ano de funcionamento do aterro, não existem dados credíveis sobre a produção de gás de aterro na JSL.

Tabela 4.7: Extrapolação para a taxa de produção de GFL e a taxa de captura em JSL de 2009 a 2021 (JSL Management, 2013)

Ano	Taxa de produção de GF (m³ /h)	Taxa de captação de GF (m³ /h)
2009	3,238	NA
2010	3,872	NA
2011	4,345	NA
2012	4,731	2,365
2013	5,056	2,528
2014	5,339	2,669
2015	5,591	2,796
2016	5,822	2,911
2017	4,963	2,481
2018	3,846	1,923
2019	3,069	1,535
2020	2,523	1,261
2021	2,132	1,066

Em 2013, a eficiência de captação de energia foi de 50%, sendo que o LFG gerado foi de 5.056 m3/h, com apenas 2.528 m^3 /h sendo captados (Tabela 4.7). A produção para os anos seguintes foi calculada com base na fórmula do Mecanismo de Desenvolvimento Limpo (MDL) para extrapolar a energia potencial viável para o abastecimento elétrico. A taxa de captação de energia é constante (50%) ao longo de 2017 e diminui gradualmente nos anos seguintes devido à estabilização dos cuidados posteriores do aterro. O GFL contém aproximadamente 50% de metano e 50% de CO2, com menos de 1% de compostos orgânicos não metânicos e vestígios de compostos inorgânicos.

Metano. A Figura 4.9 mostra uma diferença no cenário entre o GFL gerado e o GFL capturado no JSL de 2009 a 2031. Observa-se que, em 2016, a produção de GFV atinge o seu pico e diminui gradualmente nos anos seguintes. A captura máxima de CH4 é de quase 60% em termos de volume de GFV.

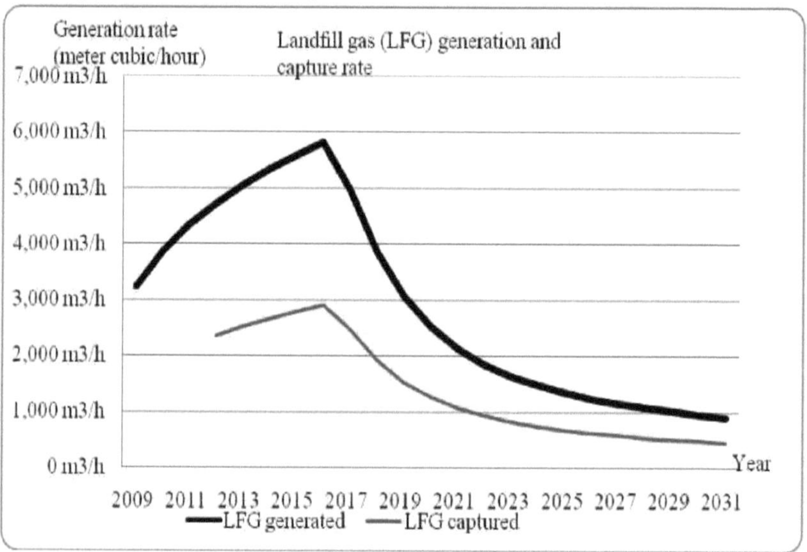

Figura 4.9 : Cenário de desfasamento entre a taxa de produção de GFV e a taxa de captação em JSL

A concentração de gás em sete poços no aterro sanitário de JSL é apresentada na Figura 4.10. O balanço de massa através do gás é a principal saída no JSL, para além do lixiviado. O amoníaco e o gás metano são as principais fontes de azoto e carbono no JSL. A percentagem de concentração de CH4 situa-se normalmente entre 50% e 60%. O menor valor registado foi entre 28 e 30% em certos poços de gás.

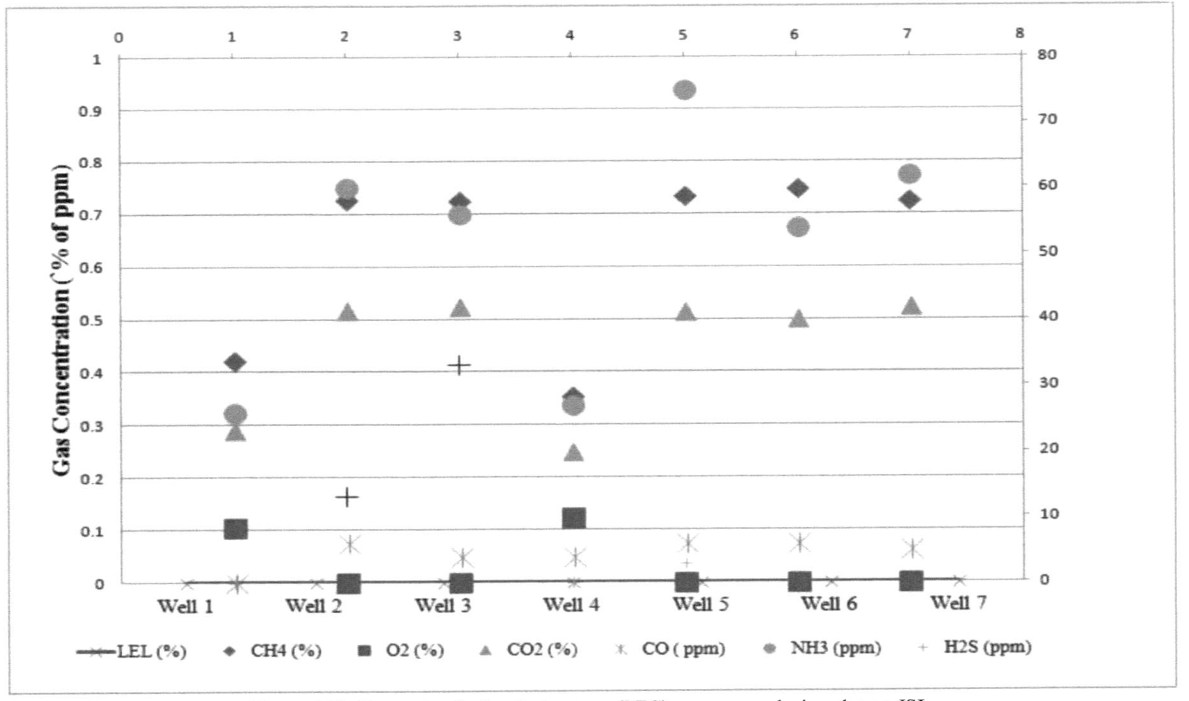

Figura 4.10: Concentração de gás de aterro (LFG) em poços selecionados no JSL.

O metano é a principal fonte de carbono proveniente da emissão de gases (LMOP, 2010). A concentração de CO2 situa-se entre 20% e 40%. O monóxido de carbono é um dos gases com efeito de estufa que tem sido tipicamente registado como sendo inferior a 10% (de 4 a 6%). O gás de aterro é um produto bem conhecido da biodegradação de resíduos em aterros, e contém principalmente metano (CH4) e dióxido de carbono (CO2) (ISWA, 1997), que é a principal entrada para a substância carbónica dos aterros sanitários. Outros gases, como o O2, também foram registados em menos de 10%. O gás H2S também esteve presente em menos de 1%, enquanto alguns chegaram a 30% (máximo). Investigações anteriores sugeriram que a produção de gás de aterro sanitário durará cerca de uma a duas décadas, desde os anos de funcionamento até ao encerramento e ao período de tratamento posterior (Ehrig, 1986; Stegmann, 1978; Stegmann, 1979). Neste período, os elementos são exportados pelo gás, bem como pelos lixiviados durante os anos de funcionamento do aterro. Posteriormente, a exportação continua sob a forma de lixiviados. Huber *et al.,* 2004, salientaram que a topografia do aterro afectou a distribuição e a concentração do gás de aterro. O fluxo preferencial de gás pode ocorrer em determinados poços de gás no aterro, tal como o fluxo de substâncias de carbono e azoto com base no potencial de mobilização no aterro através do lixiviado. Estudos anteriores tentaram quantificar a produção de gás metano por tonelada de RSU no que respeita ao CO2 e ao CH4.

A Figura 4.11 mostra o ensaio laboratorial da composição do gás do espaço livre dos poços de gás utilizando a cromatografia gasosa. A composição do gás CH4 é a mais elevada, entre 60 e 70% v/v. As leituras foram efectuadas de forma consistente durante 12 semanas para determinar a composição do gás O2, CO2 e CH4 em laboratório. O teor de O2 foi tipicamente baixo, entre 2 e 6%, enquanto o CO2 foi registado entre 9 e 25% v/v.

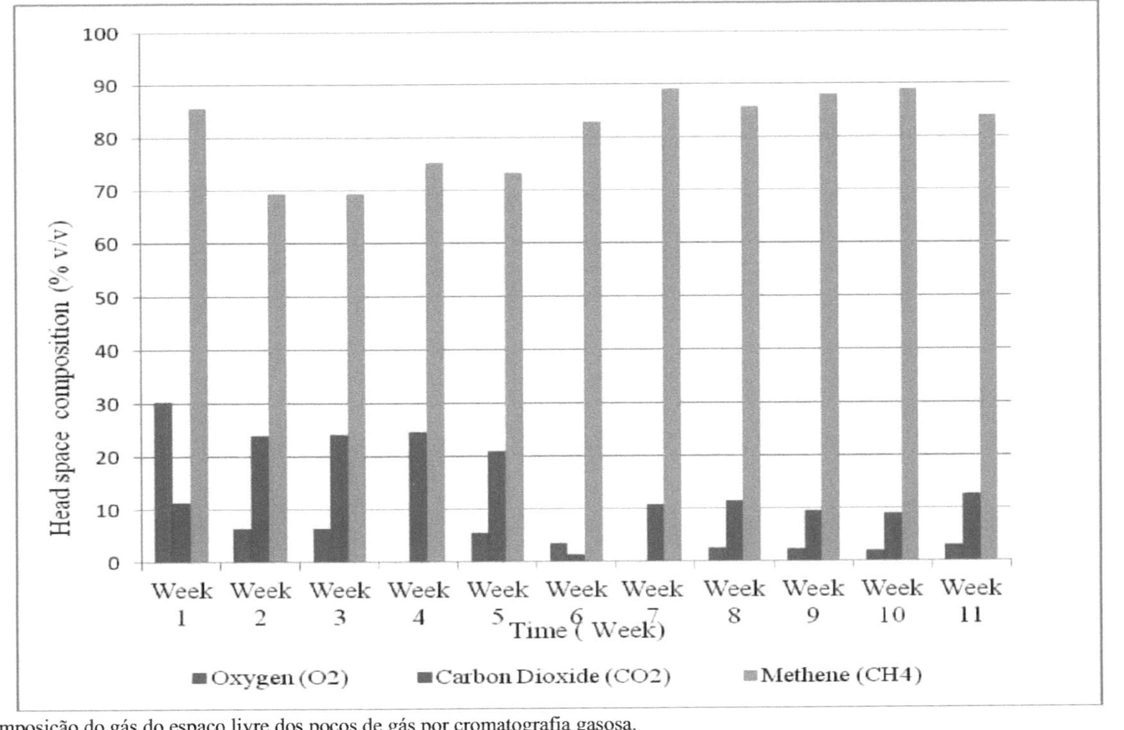

Figura 4.11: Composição do gás do espaço livre dos poços de gás por cromatografia gasosa.

3) que é a substância azotada através da via do gás de aterro. A monitorização contínua de todos os gases permitiu obter concentrações médias durante curtos períodos de tempo, normalmente inferiores a uma hora, e analisadas em tempo real. A monitorização dos gases foi efectuada em sete poços de gás. As leituras foram de 26, 60, 56, 27, 75, 54, 62 ppm, respetivamente. Uma média de 51±7 ppm indica um valor significativo como uma fonte de composto de azoto libertado como gás de aterro. A Figura 4.12 mostra a concentração de gás NH3 no JSL durante um período de 2 anos.

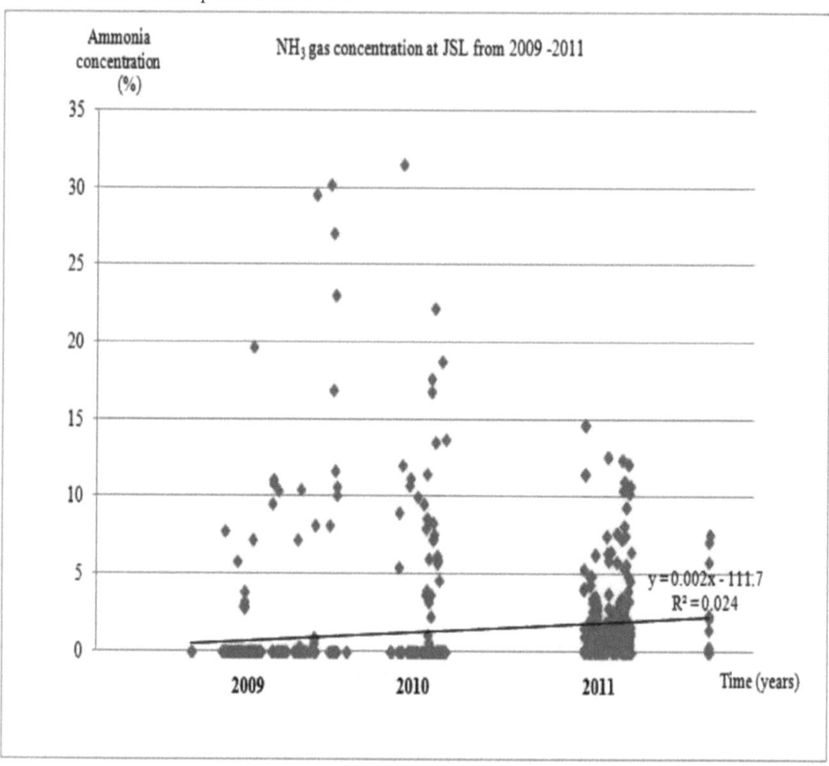

Figura 4.12 : Concentração de gás NH3 na JSL

O fluxo de amoníaco era tipicamente inferior a 10%, mas podia atingir 35% v/v em JSL. Novos processos foram estimulados pela demonstração da oxidação anaeróbia do amoníaco em azoto gasoso através do processo clássico "Anammox" (Van de Graaf *et al.* 1990). Simon & Irene (1998) afirmaram que nenhuma prova experimental demonstrou a perda de amoníaco dos aterros sob a forma de azoto gasoso e que a principal via para a remoção do azoto dos resíduos é provavelmente a amonificação e a solubilização no lixiviado. No entanto, o ensaio no JSL revelou que o amoníaco libertado por via gasosa é um resultado promissor no balanço de massa do azoto nos aterros. O estudo de análise de fluxo mostra que a maior parte do azoto total (quase 80%) permaneceu como reserva do aterro com saída de azoto (< 5% N) no lixiviado descarregado, enquanto outros 25% foram libertados através do gás do aterro durante o processo de amonificação.

5 Abordagem de modelação de dados: Software de análise de substâncias (STAn) .

4.5.1 Análise do fluxo de substâncias (SFA) para o azoto

Relativamente ao N total, os maiores contribuintes foram os resíduos de jardim com 0,2%, as garrafas minerais com 0,7% e os resíduos de cozinha com 0,3%. Tanto as garrafas minerais como os resíduos de cozinha foram os únicos tipos de resíduos que foram tidos em conta devido ao seu teor significativo de azoto inorgânico. O principal composto azotado dos resíduos é a proteína, que provém da fração putrescível dos resíduos. Os RSU em JSL contêm plantas e detritos/carcaças de animais (corvos e cães selvagens), resíduos de cozinha e de alimentos, fraldas sujas (fraldas) e lamas de esgotos domésticos (Simon e Irene 1998). No JSL, a quantidade de resíduos sanitários (fraldas, etc.) constitui 0,7% (p/p) e é um dos compostos azotados (Quadro 4.8).

A transformação química do composto azotado dos RSU em condições de aterro tem de ser mais estudada, uma vez que os resíduos sanitários são constituídos por materiais muito diversos durante as suas fases de fabrico. EDANA (2007) referiu que, numa fralda de bebé, 35% são polpa de celulose, 33% polímero superabsorvente (SAP), 17% polipropileno (PP), 6% poliestireno, adesivos e outros materiais, cada um com 4% e 1% elásticos. Uma observação importante no JSL foi a co-disposição de lamas de depuração (quase 0,5 toneladas por dia) provenientes dos serviços de esgotos domésticos explorados pelo Indah Water Consortium (IWK). As fraldas sujas, que representaram 0,7% da produção em JSL, são também uma fonte de compostos azotados. As fraldas descartáveis contribuem significativamente para o fluxo total de resíduos de plástico na JSL. Prevê-se que, no futuro, haja mais fraldas descartáveis devido à sua conveniência e acessibilidade. O processo de co-compostagem da fração orgânica separada na fonte dos RSU com fraldas descartáveis demonstrou não ter dificuldades técnicas no processo biológico e é possível à escala real (Colón. *et al.* 2010). Para além disso, o poliestireno proveniente de embalagens de alimentos também é proeminente nos JSL, contribuindo para 1,2% do fluxo total de resíduos com 0,12% de N orgânico. Os estudos indicam que os consumidores com um nível de vida mais elevado exigem artigos/bens de maior qualidade e mais convenientes, com menos preparação por parte dos consumidores, independentemente do seu preço elevado (Odum e Odum, 2006). Por conseguinte, as embalagens de plástico e o poliestireno são amplamente utilizados e depositados em aterros sanitários. A Tabela 4.8 mostra a análise química detalhada do azoto em várias amostras de resíduos.

Tabela 4.8 : N de várias amostras de resíduos

Marcação de amostras	Amoniacal N(PPm)	N orgânico (%)	Inorgânicos N (%)
Eletrónica	ND (<0,01 ppm)	ND (<O.O1%)	ND (<O.O1%)
Madeira	ND (<0,01 ppm)	O.11	ND (<O.O1%)
Recipiente de aerossol	ND (<0,01 ppm)	ND (<O.O1%)	ND (<O.O1%)
Papel duro	ND (<0,01 ppm)	O.15	ND (<O.O1%)
Lata de alumínio	ND (<0,01 ppm)	ND (<O.O1%)	ND (<O.O1%)
Aço	ND (<0,01 ppm)	ND (<O.O1%)	ND (<O.O1%)
Poliestireno	ND (<0,01 ppm)	O.12	ND (<O.O1%)
Papel colorido	ND (<0,01 ppm)	ND (<O.O1%)	ND (<O.O1%)

Resíduos de jardim	ND (<0,01 ppm)	O.21	ND (<O.01%)
Tapete de borracha	ND (<0,01 ppm)	ND (<O.01%)	ND (<O.01%)
Recipiente de plástico	ND (<0,01 ppm)	ND (<O.01%)	ND (<O.01%)
Sapato	ND (<0,01 ppm)	ND (<O.01%)	ND (<O.01%)
Mangueira de borracha	ND (<0,01 ppm)	ND (<O.01%)	ND (<O.01%)
Estanho/Liga	ND (<0,01 ppm)	ND (<O.01%)	ND (<O.01%)
Pilha AA	ND (<0,01 ppm)	ND (<O.01%)	ND (<O.01%)
Fio	ND (<0,01 ppm)	ND (<O.01%)	ND (<O.01%)
Papel de embalagem	ND (<0,01 ppm)	ND (<O.01%)	ND (<O.01%)
Garrafa mineral	ND (<0,01 ppm)	O.6O	O.O5
Plástico	ND (<0,01 ppm)	O.1O	ND (<O.01%)
Tecido	ND (<0,01 ppm)	ND (<O.01%)	ND (<O.01%)
Resíduos de cozinha	ND (<0,01 ppm)	O.27	O.O5
Azulejos	ND (<0,01 ppm)	ND (<O.01%)	ND (<O.01%)

| Espuma (superlon) | ND (<0,01 ppm) | ND (<O.O1%) | ND (<O.O1%) |
| Vidro | ND (<0,01 ppm) | ND (<O.O1%) | ND (<O.O1%) |

Com base na revisão da literatura e na investigação realizada noutros países asiáticos, presume-se que todo o N presente na matéria orgânica se transformará em amoníaco (forma gasosa) ou amónio (forma líquida) (Sundqvist, 1999). O NH3 ou NH4-N emitido no lixiviado é o produto final do fluxo de amoníaco formado no sistema de lixiviados. A concentração de NH4-N no lixiviado variava entre 900 e 2400 mg/l. De acordo com Huber-Humer *et. al.* (2010), uma investigação à escala laboratorial sobre o destino de compostos orgânicos e inorgânicos de N de diferentes resíduos através de um reator de simulação de aterro indicou que o NH4-N no lixiviado pode ser significativamente reduzido através de arejamento *in-situ* e que o NO3-N lixiviado não pode compensar a redução de NH4-N. Mesmo com taxas de arejamento elevadas, existem zonas anaeróbias onde o NO3-N é desnitrificado em N2 gasoso. Na lagoa/lagoa de lixiviados do JSL, não há arejamento *in situ*, o que resulta na possibilidade de uma concentração elevada de NH4-N no lixiviado do aterro. Andersen *et al.,* 1998, explicaram que pouco se sabe sobre as transformações do azoto e a inter-relação entre o NO3-N e o NH4-N durante a degradação dos resíduos no interior do corpo do aterro. Poderá haver transformações de azoto não descritas que ocorrem no seu interior (Andersen *et al.,* 1998). O tempo e o custo são os principais limites deste estudo. No entanto, partiu-se do pressuposto de que as concentrações elevadas de NH4-N no lixiviado persistem coincidentemente com um elevado teor orgânico (Andersen *et al.,* 1998). Isto está de acordo com o presente estudo, em que a concentração de NH4-N no lixiviado varia entre 900 e 2400 mg/l de amoníaco que sai para o sistema de lixiviados. Os resíduos depositados em aterros contêm vários materiais, como madeira, papel, têxteis, lamas orgânicas e alimentos, que emitem gás N2O através do processo de desnitrificação e nitrificação no solo durante a oxidação microbiana do amónio NH4$^+$. O sistema de aterros sanitários é uma parte importante do estudo do ambiente terrestre. A desnitrificação do NO2 liberta gás N2 e a nitrificação do NH4$^+$ liberta gás N2O para a atmosfera (Wollast, 1981). Uma das fontes significativas de emissão de azoto provém do amoníaco (NH3) através do lixiviado e da via gasosa. O amoníaco é libertado durante o processo de arejamento no tratamento dos lixiviados. A leitura de gás *in situ* do ar ambiente na instalação de tratamento de lixiviados da JSL indicou que a concentração de amoníaco se situava entre 4 e 17 ppm, enquanto nos poços de gás se situava entre 26 ppm e 75 ppm. A oxidação do amónio NH4$^+$ e do gás N2O libertado para a atmosfera é um tema muito importante e estudado no ecossistema costeiro a diferentes profundidades (condição de anoxia e hipoxia) (Naqvi, 2010). Também se observou que a elevada concentração de gás NH3 na atmosfera, principalmente a partir do tratamento de lixiviados, sugere que o amoníaco é libertado a partir da decomposição de proteínas nos resíduos, embora as concentrações de vários componentes/fracções azotadas nos resíduos durante a decomposição não sejam conhecidas (Simon & Irene 1998). A análise *ex-situ* do solo superficial retirado da nova célula do aterro indicou que o total orgânico, o N total, o N amoniacal, o N orgânico e o N inorgânico eram inferiores a 0,01% (w/w). Analisando a produção de N no lixiviado do JSL, a concentração de N total era notavelmente elevada, entre 2,84% e 3,45% de N produzido. O aumento da quantidade de água que flui através da massa do aterro, por exemplo através da percolação da chuva, aumenta o volume da substância, mas não a sua concentração. A incerteza em relação a todas as saídas de N do sistema foi subestimada, uma vez que todas são inferiores a 10%, exceto no caso do papel, que é de 17,5% (Figura 4.13), enquanto a maior parte do N total (quase 80%) permaneceu como stock do aterro. Huber *et al.* (2004) partiram do pressuposto de que a baixa produção de N se deve a um elevado potencial de mobilização de N. Este facto corrobora as conclusões relativas à baixa produção de N (< 5% de N) no lixiviado descarregado. A idade do aterro poderá ser um dos muitos factores importantes para eventualmente quantificar o equilíbrio substância/material num aterro sanitário.

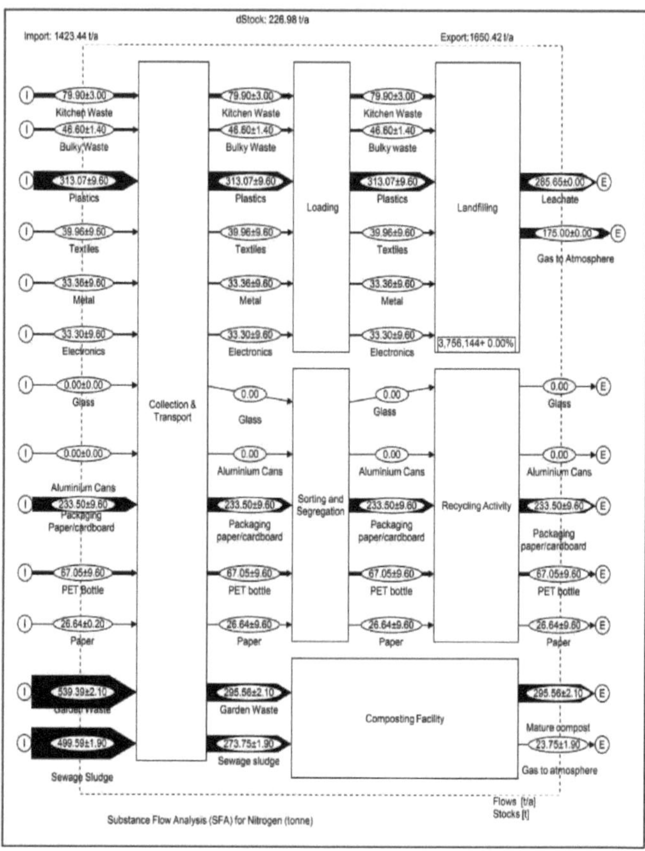

Figura 4.13: Análise do fluxo de substâncias para o N em JSL (toneladas/ano).

A Tabela 4.9 foi obtida a partir do software STAn e a repartição do processo é indicada pelo processo de origem, processo de destino, fluxo de massa como entrada com base na análise laboratorial e fluxo de massa calculado, tendo em conta a incerteza dos dados para reconciliar informações de dados redundantes. Estes processos identificados nas operações do aterro sanitário para este estudo são típicos, incluindo a carga, a recolha e o transporte, a deposição em aterro propriamente dita (entrada dos RSU no corpo do aterro), a instalação de compostagem, a triagem e segregação e a reciclagem. O quadro apresenta o fluxo mássico real e calculado para o azoto. Os resíduos de cozinha, os resíduos volumosos, os plásticos, os têxteis, os metais e os produtos electrónicos são as principais entradas e saídas da carga, da recolha e do transporte e da deposição final em aterro, calculadas em 77,87±2,96, 46,16±1,40, 292,30±8,35, 19,19±8,35, 12,59±8,35 e 12,53±8,35 toneladas por ano, respetivamente. A definição de resíduos têxteis varia, incluindo por vezes borracha, couro e fraldas (Sokka et. al., 2004). Durante o processo de deposição em aterro, a produção calculada para o gás de aterro e o lixiviado foi de 175,00±0,00 e 285,65±0,00 toneladas/ano, respetivamente. Quanto à atividade de reciclagem, as principais entradas foram o papel/cartão de embalagem, as garrafas PET e o papel, que ascenderam a 264,77±8,38, 98,32±8,38 e 57,91±8,38 toneladas/ano, respetivamente. Uma vez que a maior parte do N nos resíduos urbanos está associada às águas residuais, as lamas de depuração são importantes para melhorar o nível de reciclagem no sistema de resíduos urbanos (Sokka et al., 2004). No entanto, o vidro e as latas de alumínio recolhidos por recicladores informais no próprio aterro quase não têm valor N e são contabilizados como atividade de reciclagem informal pelos recolhedores. Quanto às instalações de compostagem, o composto final maduro representou 366,54±1,79 toneladas/ano de fluxo de azoto. Os principais factores de produção do composto foram os resíduos de jardim e as lamas de depuração domésticas (maduras), com 229,07±1,79 e 219,32±1,67 toneladas de N por ano, respetivamente.

Quadro 4.9: Lista completa de processos para o fluxo mássico de N (real e calculado) em JSL

	Processo	Fluxo	Nome do fluxo	Processo de origem	Processo de destino	Caudal mássico [t/a]	Caudal mássico (calculado) [t/a]
Nome do processo: Carregamento							
Saída							
	P2	F32	Resíduos de cozinha	P2, Carregamento	P5,Deposição em aterro	79.90±3.00	77.87±2.96
	P2	F33	Resíduos volumosos	P2, Carregamento	P5,Deposição em aterro	46.60±1.40	46.16±1.40
	P2	F34	Plásticos	P2, Carregamento	P5,Deposição em aterro	313.07±9.6O	292.3O±8.35
	P2	F35	Têxteis	P2, Carregamento	P5,Deposição em aterro	39.96±9.6O	19.19±8.35
	P2	F36	Metal	P2, Carregamento	P5,Deposição em aterro	33.36±9.6O	12.59±8.35
	P2	F37	Eletrónica	P2, Carregamento	P5,Deposição em aterro	33,3O±9,6O	12.53±8.35

Entrada

P2	F13	Resíduos de cozinha	P1,Recolha e transporte	P2, Carregamento	79,90±3,OO	77.87±2.96
P2	F14	Resíduos volumosos	P1,Recolha e transporte	P2, Carregamento	46.60±1.40	46.16±1.40
P2	F15	Plásticos	P1,Recolha e transporte	P2, Carregamento	313.O7±9.6O	292.30±8.35
P2	F16	Têxteis	P1,Recolha e transporte	P2, Carregamento	39.96±9.6O	19.19±8.35
P2	F17	Metal	P1,Recolha e transporte	P2, Carregamento	33.36±9.6O	12.59±8.35
P2	F18	Eletrónica	P1,Recolha e transporte	P2, Carregamento	33,3O±9,6O	12.53±8.35

Quadro 4.9 Continuação

Nome do processo: Recolha e transporte

Saída

P1	F13	Resíduos de cozinha	P1,Recolha e transporte	P2, Carregamento	79.90±3.00	77.87±2.96
P1	F14	Resíduos volumosos	P1,Recolha e transporte	P2, Carregamento	46.60±1.40	46.16±1.40
P1	F15	Plásticos	P1,Recolha e transporte	P2, Carregamento	313.07±9.60	292.30±8.35
P1	F16	Têxteis	P1,Recolha e transporte	P2, Carregamento	39.96±9.60	19.19±8.35
P1	F17	Metal	P1,Recolha e transporte	P2, Carregamento	33.36±9.60	12.59±8.35
P1	F18	Eletrónica	P1,Recolha e transporte	P2, Carregamento	33.30±9.60	12.53±8.35
P1	F19	Vidro	P1,Recolha e transporte	P3,Triagem e segregação	0.00	0.00
P1	F20	Latas de alumínio	P1,Recolha e transporte	P3,Triagem e segregação	0.00	0.00
P1	F21	Papel/cartão de embalagem	P1,Recolha e transporte	P3,Triagem e segregação	233.50±9.60	264.77±8.38
P1	F22	garrafa PET	P1,Recolha e transporte	P3,Triagem e segregação	67.05±9.60	98.32±8.38
P1	F23	Papel	P1,Recolha e transporte	P3,Triagem e segregação	26.64±9.60	57.91±8.38

P1	F29	Resíduos de jardim	P1,Recolha e transporte	P4,Instalação de compostagem	295.56±2.10	229.07±1.79
P1	F39	Lamas de depuração	P1,Recolha e transporte	P4,Instalação de compostagem	273.75±1.90	219.32±1.67

Quadro 4.9 Continuação

Entrada

P1	F10	Resíduos de jardim		P1,Recolha e transporte	539.39±2.10	534.90±2.09
P1	F9	Resíduos de cozinha		P1,Recolha e transporte	79.90±3.00	70.74±2.98
P1	F8	Embalagem Papel/cartão		P1,Recolha e transporte	233.50±9.60	139.68±8.91
P1	F7	Latas de alumínio		P1,Recolha e transporte	0.00±0.00	0.00±0.00

P1	F6	Vidro		P1,Recolha e transporte	0.00±0.00	0.00±0.00
P1	F5	Eletrónica		P1,Recolha e transporte	33.30±9.60	-60.52±8.91
P1	F4	Metal		P1,Recolha e transporte	33.36±9.60	-60.46±8.91
P1	F3	Têxteis		P1,Recolha e transporte	39.96±9.60	-53.86±8.91
P1	F2	Plásticos		P1,Recolha e transporte	313.07±9.60	219.25±8.91
P1	F1	Resíduos volumosos		P1,Recolha e transporte	46.60±1.40	44.60±1.40
P1	F11	Garrafa PET		P1,Recolha e transporte	67.05±9.60	-26.77±8.91
P1	F12	Papel		P1,Recolha e transporte	26.64±0.20	26.60±0.20

| P1 | F38 | Lamas de depuração | | P1,Recolha e transporte | 499.59±1.90 | 495.91±1.89 |

Quadro 4.9 Continuação

Nome do processo: Instalação de compostagem

Saída

| P4 | F50 | Composto maduro | P4,Instalação de compostagem | | 295.56±2.10 | 366.54±1.79 |
| P4 | F51 | Gás para a atmosfera | P4,Instalação de compostagem | | 23.75±1.90 | 81.85±1.67 |

Entrada

| P4 | F29 | Resíduos de jardim | P1,Recolha e transporte | P4,Instalação de compostagem | 295.56±2.10 | 229.07±1.79 |
| P4 | F39 | Lamas de depuração | P1,Recolha e transporte | P4,Instalação de compostagem | 273.75±1.90 | 219.32±1.67 |

Nome do processo: Deposição em aterro

Saída

P5	F46	Gás para a atmosfera	P5,Deposição em aterro		175.00±0.00	175.00±0.00
P5	F45	Lixiviado	P5,Deposição em aterro		285.65±0.00	285.65±0.00
Entrada						
P5	F32	Resíduos de cozinha	P2, Carregamento	P5,Deposição em aterro	79.90±3.00	77.87±2.96
P5	F33	Resíduos volumosos	P2, Carregamento	P5,Deposição em aterro	46.60±1.40	46.16±1.40
P5	F34	Plásticos	P2, Carregamento	P5,Deposição em aterro	313.07±9.60	292.30±8.35

Quadro 4.9 Continuação

P5	F35	Têxteis	P2, Carregamento	P5,Deposição em aterro	39.96±9.60	19.19±8.35
P5	F36	Metal	P2, Carregamento	P5,Deposição em aterro	33.36±9.60	12.59±8.35
P5	F37	Eletrónica	P2, Carregamento	P5,Deposição em aterro	33.30±9.60	12.53±8.35

Nome do processo: Atividade de reciclagem

Saída							
P7	F44	Papel/cartão de embalagem	P7,Atividade de reciclagem			233.50±9.60	264.77±8.38
P7	F43	Vidro	P7,Atividade de reciclagem			0.00	0.00
P7	F47	Latas de alumínio	P7,Atividade de reciclagem			0.00	0.00
P7	F48	garrafa PET	P7,Atividade de reciclagem			67.05±9.60	98.32±8.38
P7	F49	Papel	P7,Atividade de reciclagem			26.64±9.60	57.91±8.38
Entrada							
P7	F24	Vidro	P3,Triagem e segregação	P7,Atividade de reciclagem		0.00	0.00
P7	F25	Latas de alumínio	P3,Triagem e segregação	P7,Atividade de reciclagem		0.00	0.00
P7	F26	Papel/cartão de embalagem	P3,Triagem e segregação	P7,Atividade de reciclagem		233.50±9.60	264.77±8.38

Quadro 4.9 Continuação

| P7 | F27 | garrafa PET | P3,Triagem e segregação | P7,Atividade de reciclagem | 67.05±9.60 | 98.32±8.38 |
| P7 | F28 | Papel | P3,Triagem e segregação | P7,Atividade de reciclagem | 26.64±9.60 | 57.91±8.38 |

Nome do processo: Triagem e segregação

Saída						
P3	F24	Vidro	P3,Triagem e segregação	P7,Atividade de reciclagem	0.00	0.00
P3	F25	Latas de alumínio	P3,Triagem e segregação	P7,Atividade de reciclagem	0.00	0.00
P3	F26	Papel/cartão de embalagem	P3,Triagem e segregação	P7,Atividade de reciclagem	233.50±9.60	264.77±8.38
P3	F27	garrafa PET	P3,Triagem e segregação	P7,Atividade de reciclagem	67.05±9.60	98.32±8.38
P3	F28	Papel	P3,Triagem e segregação	P7,Atividade de reciclagem	26.64±9.60	57.91±8.38

Entrada						
P3	F19	Vidro	P1,Recolha e transporte	P3,Triagem e segregação	0.00	0.00
P3	F20	Latas de alumínio	P1,Recolha e transporte	P3,Triagem e segregação	0.00	0.00
P3	F21	Papel/cartão de embalagem	P1,Recolha e transporte	P3,Triagem e segregação	233.50±9.60	264.77±8.38
P3	F22	garrafa PET	P1,Recolha e transporte	P3,Triagem e segregação	67.05±9.60	98.32±8.38
P3	F23	Papel	P1,Coleção e Transporte	P3,Triagem e segregação	26.64±9.60	57.91±8.38

4.5.2 Análise do fluxo de substâncias (SFA) para o carbono
A maioria dos resíduos não se encontra no seu estado natural de composto puro. Alguns resíduos têm outros aditivos adicionados para satisfazer as necessidades do produto, para serem atractivos ou duráveis. As latas de alumínio e as embalagens de aerossóis, por exemplo, têm rótulos para diferenciar os produtos. O rótulo quantifica o valor do carbono nas latas de alumínio, como mostra a Tabela 4.10. O C orgânico mais elevado foi encontrado no tapete de borracha. No entanto, este produto não é comum na JSL. O C orgânico mais elevado quantificado e ainda comum no JSL é o dos resíduos de jardim e dos recipientes de plástico, com 2,12% e 1,24%, respetivamente. Estes produtos, que constituem uma entrada significativa de C orgânico, são os principais contribuintes para os GEE. Este facto deve-se à sua biodegradabilidade e à capacidade de serem facilmente degradados por outros compostos existentes nos resíduos. Estes produtos de elevado valor C devem ser considerados como os principais responsáveis pela produção de metano (Göran *et. al.,* 2000). No seu pico, o rácio metano/dióxido de carbono é de 1,2:1 (Johannessen, 1999). O estudo SFA efectuado por Huber et al. (2004), num aterro de ensaio com 15 anos, mostrou que 85% do C orgânico disponível e > 95% do N total ainda se encontravam no interior do corpo do aterro após 15 anos de deposição. Os resultados do balanço de substâncias de um aterro sanitário com 4 anos de idade mostram que, em 1 ano de aterro, 29% da entrada de C orgânico deixou o aterro pela via gasosa e menos de 1% pela via do lixiviado, enquanto 70% do C permaneceu no corpo do aterro. A concentração de muitos constituintes, incluindo poluentes, nos lixiviados dos aterros diminui com a idade dos resíduos. A concentração de lixiviados atinge o seu pico no período de vida do aterro de 2 a 3 anos após a colocação dos resíduos e diminui gradualmente nos anos seguintes. A variação na composição do lixiviado e a remoção cumulativa da massa de poluentes nos resíduos sólidos são grandemente atribuídas a factores de idade, como o tempo decorrido desde a colocação dos resíduos ou o tempo decorrido desde o primeiro aparecimento do lixiviado. O fluxo de carbono no lixiviado e no gás também foi estudado.

Quadro 4.10: Análise inicial C nos resíduos domésticos, resíduos volumosos e resíduos de jardim em JSL

Marcação de amostras	COT (%)	Inorgânico -C (%)	C total (%) (IPCC, 2006)
Eletrónica	0.15	0.06	2.7
Madeira	0.27-0.71	ND(<0,05%)	19.6
Recipiente de aerossol	0.08	ND(<0,05%)	0
Papel duro	0.22	ND(<0,05%)	41.4
Lata de alumínio	0.10	ND(<0,05%)	0
Aço/Metal	0.16	ND(<0,05%)	0
Poliestireno	ND(<0,05%)	ND(<0,05%)	2.7

Papel colorido	ND(<0,05%)	ND(<0,05%)	41.4
Resíduos de jardim	2.12	ND(<0,05%)	19.6
Tapete de borracha	3.15	ND(<0,05%)	56.3
Recipiente de plástico	1.24	ND(<0,05%)	75
Sapato	0.78	ND(<0,05%)	2.7
Mangueira de borracha	0.56	ND(<0,05%)	56.3
Estanho/Liga	0.07-0.09	ND(<0,05%)	0
Pilha AA	0.95	ND(<0,05%)	2.7
Fio	ND(<0,05%)	0.25	2.7
Papel de embalagem	ND(<0,05%)	ND(<0,05%)	41.4
Garrafa mineral	ND(<0,05%)	ND(<0,05%)	75
Plástico	ND(<0,05%)	ND(<0,05%)	75
Tecido	ND(<0,05%)	ND(<0,05%)	40
Resíduos de cozinha	0.80	0.07	15.2

Azulejos	0.04	0.12	2.7
Espuma (superlon)	0.15	ND(<0,05%)	2.7

O balanço de massa de estudos de campo indicou que apenas um por cento (w/w) do C orgânico é importado através do lixiviado, principalmente como ácidos gordos, enquanto 99% sairia através do gás de aterro como CH4 e CO2 (Baccini *et al.,* 1987 & Sundqvist, 1999). A concentração de C orgânico no interior da bacia de lixiviados do JSL era inferior a 10%, o que representa um escoamento global de apenas 1% do JSL. O rácio CBO/COD varia durante o tempo de vida do aterro (Sundqvist, 1999). As variações sazonais dos lixiviados afectam o comportamento a longo prazo da degradação dos RSU no interior do corpo do aterro. A CBO5 durante a amostragem do lixiviado variou entre 1290 e 2270 mg/l, enquanto a CQO se situou entre 3200 e 65400 mg/l. A análise mostra que o lixiviado recolhido da válvula do compactador tem uma CBO e uma CQO elevadas, em comparação com o lixiviado recolhido da lagoa. A partir dos dados, foram observadas concentrações elevadas de lixiviados na fase ácida inicial devido à forte decomposição e à lixiviação da chuva, o que é corroborado pela experiência laboratorial de Otal *et. al.* (2005). Os resultados de CBO e CQO mostram uma maior concentração de lixiviados nos compactadores em comparação com a estação de tratamento de lixiviados. Isto deve-se às caraterísticas químicas e à natureza do lixiviado, que depende do fator de diluição resultante do elevado volume de precipitação.

O gás de aterro contém principalmente CHOs rendimentos da recolha têm sido frequentemente muito baixos em JSL e o caudal de gás flutua ao longo do tempo. A quantidade e a qualidade do gás metano foram registadas para estimar a futura produção de eletricidade. Em condições reais de aterro, o gás não recuperado migrará através da cobertura do solo superficial e os microrganismos oxidantes de metano oxidarão uma parte do metano em dióxido de carbono. A análise *ex-situ* do solo superficial retirado da nova célula do aterro indicou que o carbono orgânico total (TOC) era de 36% (w/w), enquanto outros parâmetros, como o carbono inorgânico, eram inferiores a 0,01% (w/w). Olhando para a produção de N no lixiviado na JSL, a concentração total de N era notavelmente elevada, situando-se entre 2,84% e 3,45% de produção de N. A questão que se coloca é como é possível uma maior produção de material com uma descarga mais baixa. A resposta reside na falta de homogeneidade dos RSU depositados e nas possíveis caraterísticas não homogéneas do fluxo de água (Renate *et. al.,* 2002). Como já foi referido, o aumento da quantidade de água que flui através da massa do aterro, por exemplo através da percolação da chuva, aumenta necessariamente o volume da substância, mas não a sua concentração. A Figura 4.9 mostra o SFA para RSU para C em JSL para 2010. As leituras para CH4 são de 50,7±13,5 %, enquanto o CO2 registou 35,6±9,6 %. O CO foi baixo, com 4,4±2,1%. Com os GEE, é possível calcular a quantidade total de resíduos produzidos e a fração de resíduos depositados em aterros (Yamada *et. al.,* 2003). A baixa incerteza do C na atmosfera (Figura 4.14) mostra indiretamente que existem sistemas adequados de ventilação de gases no local para minimizar as emissões de C e N para a atmosfera. No entanto, as emissões superficiais provenientes de fissuras e fendas do solo superficial são preocupantes a longo prazo. Além disso, as incertezas nas SFAs foram bastante baixas para todos os compostos, exceto para o C no alumínio, para o qual a incerteza foi elevada (129,1%). Para alguns materiais, a sua taxa de degradação não é clara. O potencial de degradação do plástico e do alumínio permanece desconhecido. Assim, o carbono que é reutilizado sob a forma de polímeros (da cadeia de reciclagem do plástico) não é depositado em aterro e não contribui para os gases com efeito de estufa (Arena & Gregario, 2013). Os compostos de carbono biogénico, por exemplo, os resíduos de jardim e o plástico, que contêm um elevado valor calorífico, podem ser económicos para a recolha de energia (exceto os resíduos de cozinha e os resíduos alimentares com um teor de água significativamente elevado). Há potencialmente grandes perdas de C e N através do gás de aterro a partir do corpo do aterro.

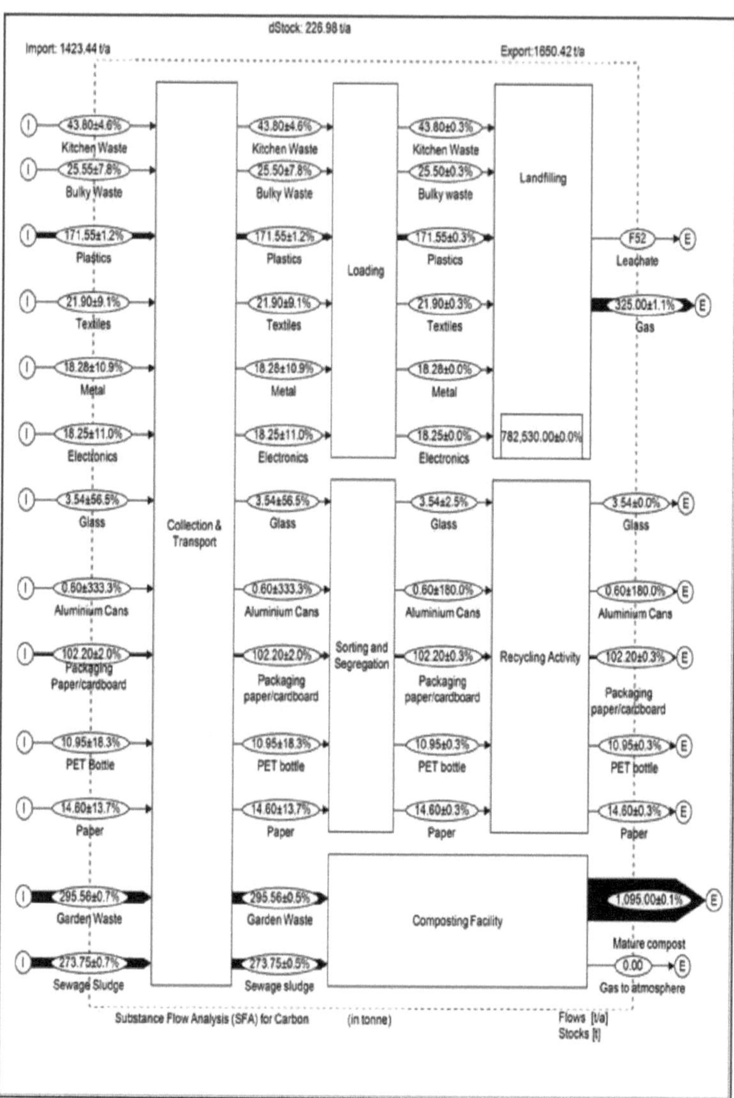

Figura 4.14: Análise do fluxo de substâncias para C em JSL (toneladas/ano).

A lista completa de processos para o fluxo de massa de carbono (real e calculado) em JSL é apresentada na Tabela 4.11. Os métodos de eliminação de resíduos antes da deposição em aterro, em que os resíduos são sujeitos a tratamento físico, químico e biológico e a segregação, são dispendiosos e demorados (AbdelNaser, 2008). Os resíduos de cozinha, os resíduos volumosos, os plásticos, os têxteis, os metais e os produtos electrónicos são as principais entradas e saídas do carregamento, da recolha e do transporte e da deposição final em aterro, totalizando 43,71±0,12, 25,47±0,07, 170,14±0,47, 21,88±0,06, 18,28±0,00 e 18,25±0,00 toneladas por ano, respetivamente. A tendência de desperdício alimentar entre os consumidores urbanos, suburbanos e rurais pode ser contribuída por três sectores significativos: comercial, institucional e residencial, que representam entre 37 e 40% do total de resíduos gerados (Fauziah, 2010). Resultados semelhantes foram obtidos na maioria dos países em desenvolvimento (Zhu *et. al.*, 2009; Korner *et. al*, 2008; Agamuthu *et. al,*

2003; Banco Mundial 1999). A eliminação de resíduos alimentares não consumidos, incluindo produtos alimentares fora de prazo, também foi observada no JSL. Este facto confirmou a existência de uma "sociedade do descartável" entre os malaios e está de acordo com várias conclusões de Choy *et al.* (2003) e Irina & Shamuri (2004). Durante o processo efetivo de deposição em aterro, a produção calculada de gás de aterro foi de 325,00±3,70 toneladas/ano. Quanto à atividade de reciclagem, as principais entradas foram papel/cartão de embalagem, vidro, latas de alumínio, garrafas PET e papel, com 101,95±0,28, 3,54±0,00, 3,06±0,77, 10,95±0,03 e 14,59±0,04 toneladas/ano, respetivamente. Os resíduos de papel (jornais ou revistas) têm uma taxa de reciclagem mais baixa devido à menor procura do mercado (Woodard *et. al.,* 2006; Alhumoud, 2005; Alhumoud *et. al.,* 2004). O sector comercial gera a maior percentagem de papel ondulado (por exemplo, caixas de cartão e embalagens), o que foi observado na JSL devido à eliminação de resíduos de embalagens aquando da receção de fornecimentos volumosos (Fauziah, 2010). Tal como os resíduos alimentares, as tendências indicam o aumento da produção de resíduos de papel canelado com o aumento do nível de rendimento. A capacidade de comprar artigos para o lar aumenta com o aumento do nível de rendimento, o que resulta na produção de mais material de embalagem, incluindo papel canelado. Relativamente às instalações de compostagem, o composto maduro final calculado para o fluxo de C foi de 910,10±1,21 toneladas/ano. A principal entrada para os ingredientes do composto foi a biomassa, que são os resíduos de jardim e as lamas de esgotos domésticos (maduras), com 465,95±1,22 e 444,14±1,22 toneladas por ano de fluxo de C, respetivamente. Komilis *et al.,* (2012) indicaram que os compostos de carbono biogénico contêm um elevado valor calorífico, por exemplo, resíduos de jardim (17 000 a 18 000 kJ de matéria seca/kg) e plásticos (20 000 a 40 000 kJ de matéria seca/kg), e podem ser económicos para a recolha de energia (exceto para resíduos de cozinha e resíduos alimentares com um teor de água significativamente elevado). Os resíduos alimentares contêm uma série de substratos e alguns são mais degradáveis do que outros (Eleazer *et. al.,* 1997). Isto pode indicar que, do ponto de vista da gestão de resíduos, a compostagem e a atividade de reciclagem são opções viáveis para reduzir significativamente a quantidade de resíduos depositados em aterro no JSL. A compostagem, por exemplo, deve ser efectuada em grande escala para efeitos de comercialização. Deve ser explorada a possibilidade de comercialização do composto orgânico entre as indústrias relacionadas, por exemplo, o sector agrícola. A reciclagem também deveria ser uma atividade formal no aterro, embora essa prática de reciclagem a nível doméstico ainda não exista, mesmo com o governo a promover muitos programas de reciclagem (AbdelNaser, 2008). Durante o processo de triagem e segregação, o fluxo de C do vidro, latas de alumínio, papel/cartão de embalagem, garrafas PET e papel foi de 3,51±0,09, 3,03±0,77, 101,96±0,28, 10,95±0,03 e 14,60±0,04 toneladas de C por ano, respetivamente.

Quadro 4.11: Lista completa de processos para o fluxo mássico de carbono (real e calculado) em JSL

Processo	Fluxo	Nome do fluxo	Processo de origem	Processo de destino	Caudal mássico [t/a]	Caudal mássico (calculado) [t/a]
Nome do processo: Carregamento						
Saída						
P2	F32	Resíduos de cozinha	P2, Carregamento	P5,Deposição em aterro	43.80±0.12	43.71±0.12
P2	F33	Resíduos volumosos	P2, Carregamento	P5,Deposição em aterro	25.50±0.07	25.47±0.07
P2	F34	Plásticos	P2, Carregamento	P5,Deposição em aterro	171.55±0.47	170.14±0.47
P2	F35	Têxteis	P2, Carregamento	P5,Deposição em aterro	21.90±0.06	21.88±0.06
P2	F36	Metal	P2, Carregamento	P5,Deposição em aterro	18.28±0.01	18.28±0.00

P2	F37	Eletrónica	P2, Carregamento	P5,Deposição em aterro	18.25±0.00	18.25±0.00
Entrada						
P2	F13	Resíduos de cozinha	P1,Coleção& Transporte	P2, Carregamento	43.80±2.00	43.54±1.83
P2	F14	Resíduos volumosos	P1,Coleção& Transporte	P2, Carregamento	25.50±2.00	25.24±1.83
P2	F15	Plásticos	P1,Coleção& Transporte	P2, Carregamento	171.55±2.00	171.29±1.83
P2	F16	Têxteis	P1,Coleção& Transporte	P2, Carregamento	21.90±2.00	21.64±1.83
P2	F17	Metal	P1,Coleção& Transporte	P2, Carregamento	18.28±2.00	18.02±1.83
P2	F18	Eletrónica	P1,Coleção& Transporte	P2, Carregamento	18.25±2.00	17.99±1.83

Quadro 4.11 Continuação

Nome do processo: Recolha e transporte

Saída

P1	F13	Resíduos de cozinha	P1, Coleção& Transporte	P2, Carregamento	43.80±2.00	43.54±1.83
P1	F14	Resíduos volumosos	P1, Coleção& Transporte	P2, Carregamento	25.50±2.00	25.24±1.83
P1	F15	Plásticos	P1, Coleção& Transporte	P2, Carregamento	171.55±2.00	171.29±1.83
P1	F16	Têxteis	P1, Coleção& Transporte	P2, Carregamento	21.90±2.00	21.64±1.83
P1	F17	Metal	P1, Coleção& Transporte	P2, Carregamento	18.28±2.00	18.02±1.83

P1	F18	Eletrónica	P1, Coleção& Transporte	P2, Carregamento	18.25±2.00	17.99±1.83
P1	F19	Vidro	P1, Coleção& Transporte	P3, Seleção& Segregação	3.54±2.00	2.76±1.80
P1	F20	Latas de alumínio	P1, Coleção& Transporte	P3, Seleção& Segregação	0.60±2.00	0.18±1.80
P1	F21	Papel/cartão de embalagem	P1, Coleção& Transporte	P3, Seleção& Segregação	102.20±2.00	101.42±1.80
P1	F22	garrafa PET	P1, Coleção& Transporte	P3, Seleção& Segregação	10.95±2.00	10.17±1.80
P1	F23	Papel	P1, Coleção& Transporte	P3, Seleção& Segregação	14.60±2.00	13.82±1.80
P1	F29	Resíduos de jardim	P1, Coleção& Transporte	P4,Instalação de compostagem	295.56±1.50	465.95±1.22
P1	F39	Lamas de depuração	P1, Coleção& Transporte	P4,Instalação de compostagem	273.75±1.50	444.14±1.22

Tabela 4.11 Continuação

Entrada						
P1	F10	Resíduos de jardim		P1, Coleção& Transporte	295.56±2.00	321.35±1.92
P1	F9	Resíduos de cozinha		P1, Coleção& Transporte	43.80±2.00	69.59±1.92
P1	F8	Embalagem Papel/cartão		P1, Coleção& Transporte	102.20±2.00	127.99±1.92
P1	F7	Latas de alumínio		P1, Coleção& Transporte	0.60±2.00	26.39±1.92
P1	F6	Vidro		P1, Coleção& Transporte	3.54±2.00	29.33±1.92
P1	F5	Eletrónica		P1, Coleção& Transporte	18.25±2.00	44.04±1.92

P1	F4	Metal		P1, Coleção& Transporte	18.28±2.00	44.07±1.92
P1	F3	Têxteis		P1, Coleção& Transporte	21.90±2.00	47.69±1.92
P1	F2	Plásticos		P1, Coleção& Transporte	171.55±2.00	197.34±1.92
P1	F1	Resíduos volumosos		P1, Coleção& Transporte	25.55±2.00	51.34±1.92
P1	F11	Garrafa PET		P1, Coleção& Transporte	10.95±2.00	36.74±1.92
P1	F12	Papel		P1, Coleção& Transporte	14.60±2.00	40.39±1.92
P1	F38	Lamas de depuração		P1, Coleção& Transporte	273.75±2.00	299.54±1.92

Quadro 4.11 Continuação

Nome do processo: Instalação de compostagem

Saída						
P4	F50	Composto maduro	P4,Instalação de compostagem		1,095.00±1.50	910.10±1.21
P4	F51	Gás para a atmosfera	P4,Instalação de compostagem		0.00	0.00
Entrada						
P4	F29	Resíduos de jardim	P1,Coleção& Transporte	P4,Instalação de compostagem	295.56±1.50	465.95±1.22
P4	F39	Lamas de depuração	P1,Coleção& Transporte	P4,Instalação de compostagem	273.75±1.50	444.14±1.22
Nome do processo: Deposição em aterro						
Saída						
P5	F46	Gás	P5,Deposição em aterro		325.00±3.70	325.00±3.70
P5	F52	Lixiviado	P5,Deposição em aterro		0	0

Entrada

P5	F32	Resíduos de cozinha	P2, Carregamento	P5,Deposição em aterro	43.80±0.12	43.71±0.12
P5	F33	Resíduos volumosos	P2, Carregamento	P5,Deposição em aterro	25.50±0.07	25.47±0.07
P5	F34	Plásticos	P2, Carregamento	P5,Deposição em aterro	171.55±0.47	170.14±0.47

Quadro 4.11 Continuação

P5	F35	Têxteis	P2, Carregamento	P5,Deposição em aterro	21.90±0.06	21.88±0.06
P5	F36	Metal	P2, Carregamento	P5,Deposição em aterro	18.28±0.01	18.28±0.00
P5	F37	Eletrónica	P2, Carregamento	P5,Deposição em aterro	18.25±0.00	18.25±0.00

Nome do processo: Atividade de reciclagem

Saída

P7	F44	Papel/cartão de embalagem	P7,Atividade de reciclagem		102.20±0.28	101.95±0.28
P7	F43	Vidro	P7,Atividade de reciclagem		3.54±0.00	3.54±0.00
P7	F47	Latas de alumínio	P7,Atividade de reciclagem		0.60±1.08	3.06±0.77
P7	F48	garrafa PET	P7,Atividade de reciclagem		10.95±0.03	10.95±0.03
P7	F49	Papel	P7,Atividade de reciclagem		14.60±0.04	14.59±0.04
Entrada						
P7	F24	Vidro	P3,Triagem e segregação	P7,Atividade de reciclagem	3.54±0.09	3.51±0.09
P7	F25	Latas de alumínio	P3,Triagem e segregação	P7,Atividade de reciclagem	0.60±1.08	-3.03±0.77
P7	F26	Papel/cartão de embalagem	P3,Triagem e segregação	P7,Atividade de reciclagem	102.20±0.28	101.96±0.28
P7	F27	garrafa PET	P3,Triagem e segregação	P7,Atividade de reciclagem	10.95±0.03	10.95±0.03
Separador	e 4.11 Continuação					

| P7 | F28 | Papel | P3,Triagem e segregação | P7,Atividade de reciclagem | 14.60±0.04 | 14.60±0.04 |

Nome do processo: Triagem e segregação

Saída

P3	F24	Vidro	P3,Triagem e segregação	P7,Atividade de reciclagem	3.54±0.09	3.51±0.09
P3	F25	Latas de alumínio	P3,Triagem e segregação	P7,Atividade de reciclagem	0.60±1.08	3.03±0.77
P3	F26	Papel/cartão de embalagem	P3,Triagem e segregação	P7,Atividade de reciclagem	102.20±0.28	101.96±0.28
P3	F27	garrafa PET	P3,Triagem e segregação	P7,Atividade de reciclagem	10.95±0.03	10.95±0.03
P3	F28	Papel	P3,Triagem e segregação	P7,Atividade de reciclagem	14.60±0.04	14.60±0.04

Entrada

P3	F19	Vidro	P1, Coleção& Transporte	P3,Triagem& Segregação	3.54±2.00	2.76±1.80
P3	F20	Latas de alumínio	P1, Coleção& Transporte	P3,Triagem& Segregação	0.60±2.00	0.18±1.80
P3	F21	Papel/cartão de embalagem	P1, Coleção& Transporte	P3,Triagem& Segregação	102.20±2.00	101.42±1.80
P3	F22	garrafa PET	P1, Coleção& Transporte	P3,Triagem& Segregação	10.95±2.00	10.17±1.80
P3	F23	Papel	P1, Coleção& Transporte	P3,Triagem& Segregação	14.60±2.00	13.82±1.80

Conclusões

A JSL recebeu uma média de 2100 toneladas de resíduos sólidos urbanos por dia. A fonte de resíduos provém principalmente do conselho municipal e da empresa de resíduos sólidos (SOWACO). Os resíduos acumulados depositados no JSL de 2007 a 2013 foram 4 785 439 toneladas. Este estudo quantificou os fluxos de C e N no sistema JSL. Os resíduos de cozinha e de jardim contribuem significativamente para o fluxo de massa no aterro. Por fim, contribuíram para o C orgânico e o N total e foram responsáveis pelo rácio de C e N no aterro. Os resultados da composição dos resíduos permitiram uma boa compreensão dos resíduos que são depositados a partir de diferentes fontes. Os fluxos de C e N estavam estreitamente relacionados com os seus respectivos ciclos no aterro. As entradas no aterro são principalmente os resíduos e a precipitação, enquanto as principais saídas são principalmente o gás de aterro e os lixiviados. O software STAn com representação gráfica do fluxo de C e N foi claramente discutido neste estudo. A utilização do software facilitou o estudo do sistema de aterro sanitário no âmbito da AMF. A realização de inventários detalhados do sistema de aterro sanitário, incluindo a amostragem de resíduos, a análise química de resíduos sólidos, lixiviados e gás de aterro, é importante para estabelecer a análise do fluxo total de substâncias (SFA) de C e N num sistema aberto como o aterro sanitário. Os resultados do balanço de substâncias de um aterro sanitário com 4 anos de idade mostraram que, em 1 ano de aterro, 29% da entrada do C orgânico deixou o aterro pela via do gás e menos de 1% saiu pela via do lixiviado. Enquanto 70% do C permaneceu no corpo do aterro, a maior parte do N total (quase 80%) permaneceu como stock do aterro. A AFM nos resíduos tem potencial para fornecer boas estimativas com dados limitados. Uma possível limitação da aplicação da AFM na gestão de aterros é a disponibilidade de dados quantitativos sobre a composição e o stock de materiais de resíduos provenientes do processo de deposição em aterro. Por conseguinte, o estudo da AMF apoiará a decisão de gestão de resíduos, a fim de alcançar uma prática sustentável de deposição em aterro na Malásia. O C e o N foram predominantemente exportados como gás de aterro e lixiviado. A SFA de C e N no JSL foi estabelecida. O stock de C foi de 782.530 ± 0,0% toneladas por ano, enquanto o stock de N foi de 3.756.144 toneladas por ano. O fluxo de massa no JSL mostrou que a entrada era de 127.720 toneladas de resíduos por ano e a saída era de 484.490 toneladas por ano e o stock do aterro era de 782.530 toneladas por ano.

Reconhecimento

A minha sincera gratidão e apreço pelo meu supervisor, o Professor Dr. Agamuthu P, pela sua orientação ao longo de todo o meu trabalho de investigação.

Gostaria também de agradecer à Universidade da Malásia e ao IPPP por terem concedido bolsas de investigação (RG002/09SUS) e (P0118/2010A) e instalações para a realização de análises laboratoriais e ao Ministério do Ensino Superior pela bolsa MyMaster.

Para aqueles que me apoiaram durante todo o percurso: Dr. Fauziah Shahul Hamid, Dr. Emenike Chijioke, Puan Siti Zubaidah Baharudin e os colegas de laboratório Venu Mahendra, Theepa, Siva Shangari, Arezoo, Nicole Leong HY e os restantes.

Aos meus queridos pais, Hjh Siti Juliah binti Puteh e Hj Muda bin Endut, pela sua paciência e apoio incessante para manter os meus pés no chão. Também aos meus irmãos Nurul Hidayah, Nurul Huda e Muhammad Hafizi por serem a fonte de inspiração e de encorajamento para me manterem motivado de todas as formas possíveis para a conclusão dos meus estudos. É um percurso difícil, mas consegui-o de alguma forma. Muito obrigado a todos vós.

Por último, mas não menos importante, à Lambert Publishing por ter tornado possível a publicação deste livro.

Referências

Abufayed, A. A., & Schroeder, E. D. (1986) Performance of SBR/denitrification with a primary sludge carbon source. *Jornal WPCF 5* (58); 387

Adriaanse, A., Bringezu, S., Hamond, A., Moriguchi, Y., Rodenburg, E., Rogich, D., Schütz, H. (1997). *Resource Flows: The Material Base of Industrial Economies*. World Resource Institute, Washington.

Agamuthu P. & Fauziah,S.H. (2010) Impact of Landfill Gas on Climate Change, *International Conference on Climate Change and Bioresource* (ICCCB 2010) 9th - 12th February 2010, Department of Biotechnology, Bharathidasan University India.

Agamuthu,P., Fauziah, S.H. and Khidzir, K.M. (2009) Evolution of solid waste management in Malaysia : Impacts and implications of the solid waste bill 2007. *Journal of Material Cycles and Waste Management*, 11(2): 96-103.

Agamuthu,P., Fauziah, S.H. e Lingesveeramani, M (2004) Evolution of MSW in Malaysia- An overview. Documento apresentado no *Congresso Mundial ISWA 2004*, 17-21 de outubro de 2004, Roma, Itália.

Agamuthu,P.,Fauziah,S.H. and Khidzir,K.M.,(2003) Municipal solid waste management; A comparative study on selected landfill in Selangor.In Proceedings of *Environment 2003 Environmental Management and Sustainable Development for Better Future Growth*.18th - 19th February 2003: pp434-437.Penang, Malaysia.

Agamuthu, P. (2001) *Solid Waste : Principle and Management (Resíduos sólidos: princípio e gestão)*. Universidade da Malásia
Imprensa: 9-27

Albers, H. & Krückeberg, G, 1992) Combinação de pré-tratamento aeróbio, adsorção de carbono e coagulação. Landfilling of waste: leachate. Elsevier applied science. Londres e Nova Iorque.305pp.

Alhumoud, J.M.(2005)Municipal solid waste recycling in the Gulf Co-operation Council states. *Resources,Conservation and Recycling* 45(2):142-158.

Alhumoud,J.M., Al-Ghusain, I. e Al-Hasawi, H. (2004) Management of recyclling in the Gulf Co-operation Council states (Gestão da reciclagem nos Estados do Conselho de Cooperação do Golfo). *Waste Management* 24(6):551-562.

Ali Khan, M.Z. e Burney, F.A. (1989) Forecasting Solid Waste Composition - An Important Consideration in Resource Recovery and Recycling, *Resources, Conversation and Recycling* 3: 1-17.

Alvarez-Vazquez, H., Jefferson,B.e Judd,S.J. (2004) Membrane bioreactors vs conventional biological treatment of landfill leachate: a brief review. *Journal of Chemical Technology and Biotechnology* 79(10):1043-1049.

American Public Health Association (APHA), 1995.Standard Methods for the Examination of Water and Wastewater, 19th Edition.APHA, Washington, DC.

Andersen,J.K., Boldrin, A., Christensen, T.H., e Scheutz, C. (2010). Balanços de massa e inventário do ciclo de vida de uma instalação de compostagem por leira de resíduos de jardim (Aarhus, Dinamarca) *Waste Management & Research* 28 (11):1010-1020

Ayres, R.U. & Simonis, U.E. editors (1992) .Industrial metabolism, restructuring for sustainable development. Tóquio: Universidade das Nações Unidas

Ayres, R.U .(1978) .Resources, environment and economics. New York: Wiley.

Baccini,P & Bader,H.P. (1996) Understanding regional metabolism for a sustainable development of urban systems *Environ. Sci. Pollut. Res.,*3(2);108-111

Baccini, P., & Brunner, P. (2012). *Metabolism of the anthroposphere analysis, evaluation, design* (2nd ed) Cambridge, Mass.: MIT Press. 408p.

Baccini,P. & Brunner,P.H.(1991) *Metabolism of the Anthroposphere*. Springer.Berlin

Baccini, P., Henseler, G., Figi, R., Belevi, H.,(1987). Balanços hídricos e de elementos em aterros de resíduos sólidos urbanos. *Waste Management & Research* 5 (1): 483-499

Bailey, R., Allen, J.K., Bras, B. (2006). Applying Ecological Input-Output Flow Analysis to Material Flows in Industrial Systems: Part I: Tracing Flows. *Journal of Industrial Ecology 8*: 45-68.

Barlaz, M.A., (1998) Armazenamento de carbono durante a biodegradação de componentes de resíduos sólidos urbanos em aterros sanitários à escala laboratorial. *Global Biogeochemical*

Cycles 12(2): 373-380.

Barlaz,M.A.,Ham,R.K. and Schaefer,D.M. (1989) Mass Balance analysis of decomposed refuse in laboratory scale lysimeters. *J. Environ. Engineering* 115;1088-1102

Barlaz, M.A., Milek MW e Ham RK (1987) Gas production parameters in sanitary landfill simulators (Parâmetros de produção de gás em simuladores de aterros sanitários). *Waste Management & Research.* 5: 27-39.

Beker, D (1987) Control of acid phase degradation, Proceedings in *International Symposium ISWA on Process Technology and environmental impact of sanitary landfill*, Vol. 1, 19-23 de outubro de 1987, Cagliari, Itália.

Belevi, H., (2002). Análise do fluxo de materiais como ferramenta de planeamento estratégico para a gestão regional de águas residuais e resíduos sólidos. In: Actas do Workshop GTZ/BMZ e ATV- DVWK "GlobaleZukunft:Kreislaufwirt schaftskonzepteim kommunalen Abwasser-undFa" kalienmanagement". 12. Europa" ischesWasser-, Abwasser und Abfall-Symposium, IFAT 2002, 14 de maio de 2002, Munique, Alemanha.

Belevi H. e Baccini P. (1989). Long-term behaviour of municipal solid waste landfills (Comportamento a longo prazo dos aterros de resíduos sólidos urbanos). *Gestão e Investigação de Resíduos* 7; 43-56.

Berge, N. D. (2006). *In-situ ammonia removal of leachate from bioreactor landfills* (Dissertação de doutoramento, University of Central Florida Orlando, Florida).

Berge,N.D & Reinhart, D.R., & Townsed, T.G. (2005) The Fate of Nitrogen in Bioreactor Landfills. *Critical Reviews in Environmental Science and Technology* 35:365-399

Bergback, B., Johansson, K., Mohlander, U. (2001) Urban Metal flows-a case study of Stockholm. *Water, Air and Oil Pollution ; Focus 1*: 3-24

Bergba'ck, B, Anderberg S, Lohm U (1994). Impacto ambiental acumulado: o caso do cádmio na Suécia. *The Science of The Total Environment* 145(1-2): 13-28.

Bertram, M., Graedel, T.E., Rechberger, H., Spatari, S., (2002). O ciclo do cobre europeu contemporâneo: subsistema de gestão de resíduos. *Ecological Economics* 42: 43-57.

Bertram, M., Martchek,K.J., Rombach, G. (2002) Material Flow Analysis in the Aluminium Industry. *Journal of Industrial Ecology*: 650-654.

Binder, C.R. (2007a) From material flow analysis to material flow management Part I: social sciences modeling approaches coupled to MFA. *Journal of Cleaner Production* 15: 1596-1604.

Binder, C.R. (2007b) From material flow analysis to material flow management Part II: the role of structural agent analysis. *Journal of Cleaner Production* 15: 1605-1617.

Binder, C.R., Hofer, C., Wiek, A. e Scholz, R.W. (2004) Transição para melhores fluxos regionais de madeira através da integração da análise do fluxo de materiais e da análise de agentes: O caso de Appenzell-Ausserrhoden, Suíça. *Ecological Economics* 49: 1-17.

Binder, C. e Patzel, N. (2001). Gestão da matéria orgânica do solo tropical ao nível da bacia hidrográfica: qual poderá ser a contribuição das zonas urbanas? Em Waste composting for urban and peri-urban agriculture: closing the rural-urban nutrient cycle in sub- Saharan Africa, Drechsel, P., Kunze, D (Eds). CABI Publishing.

Binder, C., Schertenleib, R., Diaz, J., Baser, H.-P.andBaccini, P. (1997). Regional water balance as a tool for water management in developing countries. *Desenvolvimento de Recursos Hídricos* 13(1): 5-20.

Binder ,C.R.(1996) The early recognition of environmental impacts of human activities in developing countries. Dissertação de doutoramento 11748, Instituto Federal Suíço de Tecnologia de Zurique, Suíça.

Binder, C.R, Schertenleib, R, Diaz, J. e Baccini, P. (1997). Balanço hídrico regional como ferramenta para a gestão da água em países em desenvolvimento. *Desenvolvimento de Recursos Hídricos*;13(1):5-20.

Bindoff, N.L., J. Willebrand, V. Artale, A, Cazenave, J. Gregory, S. Gulev, K. Hanawa, C. Le Quéré, S. Levitus, Y. Nojiri, C.K. Shum, L.D. Talley e A. Unnikrishnan, 2007: Observations: Oceanic Climate Change and Sea Level. In: Climate Change 2007: The Physical Science Basis. Contribuição do Grupo de Trabalho I para o Quarto Relatório de Avaliação do Painel Intergovernamental sobre Alterações Climáticas [Solomon, S., D. Qin, M. Manning, Z. Chen, M. Marquis, K.B. Averyt, M. Tignor e H.L. Miller (eds.)]. Cambridge University Press, Cambridge, Reino Unido e Nova Iorque, EUA.

Bingemer, H.G. e Crutzen, P.J. (1987) The production of CH4 from solid wastes. *Journal of*

Geophysical Research, 92(12): 2182-2187.

Blakey, N.C. (1991) Enhanced landfill stabilization using sewage sludge. In Proceeding *Sardinia 91. 3rd International Landfill Symposium October*. Vol II:1367-1387. Cagliari, Itália.

Bogner J, Pipatti R, Hashimoto S, Diaz C, Mareckova K e Diaz L (2008). Mitigation of global greenhouse gas emissions from waste: conclusions and strategies from the Intergovernmental Panel on Climate Change (IPCC) fourth assessment report. *Waste Management and Research* 26:11-32.

Bogner, J., M. Abdelrafie Ahmed, C., Diaz, A. Faaij, Q. Gao, S., Hashimoto, K. Mareckova, R., Pipatti, T e Zhang (2007) Waste Management, In Climate Change 2007: Mitigation. Contribution of Working Group III to the Fourth Assessment Report of the Intergovernmental Panel on Climate Change [Metz,B., Davidson,O.R., Bosch, P.R. , Dave,R., and Meyer,L.A (eds)], Cambridge University Press, Cambridge, Reino Unido e Nova Iorque , EUA.

Bogner, J. e Matthews, E. (2003) Global methane emissions from landfills: New methodology and annual estimates 1980-1996. *Global Biogeochemical Cycles*,17 (2):1-18

Bogner, J. e Spokas,K. (1993) Landfill CH4: rates, fates, and role in global carbon cycle. *Chemosphere*, 26(1-4): 366-386.

Bogner, J., (1992) Anaerobic burial of refuse in landfills: increased atmospheric methane and implications for increased carbon storage. *Boletim Ecológico* 42: 98-108.

Bouman, M., Heijungs, R., Van Der V. E., Van Den, B.J. e Huppes, G. (2000) Material flows and economic models: an analytical comparison of SFA, LCA and partial equilibrium models. *Ecological Economics* 2000 (32):195-216.

Bramryd, T., (1997) Landfilling in the perspective of the global CO2 balance. Actas do *Sardinia 97, International Landfill Symposium, outubro de 1997*, CISA, Universidade de Cagliari, Sardenha, Itália.

Brunner, P. (2011) Urban Mining: uma contribuição para a reindustrialização da cidade. *Jornal de Ecologia Industrial*, 15(3); 339-341.

Brunner, P. & Kral, U. (2010) The Need for Final Sinks. Apresentado *na 1ª Conferência Internacional sobre Sumidouros Finais: From Sanitary to Sustainable Landfilling - why, how, and when?* Em 23rd - 25th setembro 2010, Viena. Universidade de Tecnologia de Viena, Viena, Áustria.

Brunner,P. (2009) Diapositivos Powerpoint Incentivos e estudos de caso para o Mestrado em Gestão de Recursos e Ambiente. Apresentado na Universidade Estatal de Perm, Rússia, 3rd novembro de 2009.

Brunner, P. (2007) Aplicação da Análise do Fluxo de Materiais para a Gestão Ambiental e de Recursos [Notas de aula] . Palestra na Universidade Syiah Kuala, Faculdade de Engenharia Química, Banda Aceh, Indonésia, em 8th outubro de 2007.pp27

Brunner, P, & Ma, H.W. (2008) Análise do fluxo de substâncias - uma ferramenta indispensável para a gestão de resíduos orientada para objectivos. *Jornal de Ecologia Industrial* 13(1):11-14.

Brunner, P, & Rechberger, H. (2004) *Practical Handbook of Material Flow Analysis. Métodos Avançados em Gestão de Recursos e Resíduos*. Lewis Publisher.

Brunner, P, e Baccini, P. (1992). Gestão regional de materiais e proteção do ambiente. *Waste Management and Research* 10: 203-212.

Brunner, P., Henseler, G., e Scheidegger, R.,(1990) (A determinação dos fluxos de produtos e materiais no balanço hídrico regional (DieBestimmung der Güter- und StoffflüsseimregionalenWasserhaushalt. Teilprojekt RESUB WASSER.EAWAG) Projeto resub WASSER.EAWAG) Dübendorf, 116.

Bringezu, S., Fischer-Kowalski, M., Klein, R., e Palm, V. (1997). Contabilidade regional e nacional do fluxo de materiais: From Paradigm to Practice of Sustainability. Leiden.

Bringezu S.(2003) Industrial ecology and material flow analysis-basic concepts, policy relevance and some case studies. Alemanha: Greenleaf Publishing.

Bringezu, S., Schqtz, H., Steger, S., e Baudisch, J. (2004) International comparison of resource use and its relation to economic growth. O desenvolvimento das necessidades totais de materiais, das entradas diretas de materiais e dos fluxos ocultos e a estrutura da TMR. *Ecological Economics* 54: 97-124.

Buswell, A. M., e Mueller, H. F. (1952) Mechanics of methane fermentation. *Ind. e Eng. Chem.* 44 ; 550-552.

Cai, J.J, Wang,J.J., Lu, Z.W. and Yin, R.Y. (2006) Material flow and energy flow in iron and steel industry and correlation between them. *Journal of Northeastern University (Natural Science)* 27(90): 979-982.

Cai, J.J., Wang, J.J., Zhang, Q. e Li, G.S. (2008) Fluxos de materiais e fluxos de energia numa fábrica de ferro e aço e a sua influência nas emissões de CO2. *Pesquisa de Ciências Ambientais* 21(1): 196- 200.

Cain, A., Disch, S., Twaroski, C., Reindl, J., e Case, C.R. (2007) Substance flow analysis of mercury intentionally used in products in the United States. *Journal of Industrial Ecology* 11(3): 61-75.

Cencic, O., & Rechberger, H. (2008). Análise do fluxo de materiais com o software STAN. Em ProceedingsEnvironmental *informatics and industrial ecology: Enviro Info 2008 ; 22ª Conferência Internacional sobre Informática para a Proteção do Ambiente.* 10th - 12th setembro de 2008, Universidade de Leuphana Lueneburg, Alemanha Aachen: Shaker; 440-447

Cencic,O (2006) DIO. STAN - um software adaptado para a análise do fluxo de substâncias. TU-Viena, Áustria: Instituto de Qualidade da Água, Recursos e Gestão de Resíduos. pp. 1-12

Censos Ministério da Habitação e da Administração Local 2010: Boletim Censitário Selecionado até 30th setembro de 2009. 106p

Chadwick, Jr., 1999. Teste de Campo de Potenciais Coberturas Equivalentes a RCRA no Arsenal das Montanhas Rochosas, Colorado. Associação de Resíduos Sólidos. Proceedings, *North America's 4th Annual Landfill Symposium.* Denver, Colorado. 28 a 30 de junho de 1999. GR-LM 0004. 21-33pp.

Chapman, G & Ekama, G (1992) The effect of sewage sludge codisposal and leachate recycling on refuse stabilization. Actas Wastecon 1992: Waste Management in a Changing Society. Joanesburgo, novembro. 477-487 pp.

Chen,M., Chen,J. &Sun,F. (2008) Agricultural phosphorus flow and its environmental impacts in China. *Science of The total Environment* 405: 140-152.

Chen, X.Q., Guo, Y.Q., Cui, S.P., Wang, Z.H. e Zuo, T.Y. (2005a) Material energy metabolism and environmental implications of cement industry in Beijing. *Ciência dos Recursos*, 27(5): 40-45.

Chen, Y.M. e Zhang, T.Z. (2005b) Análise do fluxo de materiais de edifícios residenciais em Pequim. *Journal of Architecture and Civil Engineering* 22(3): 80-83.

Chen, G., (2004), Electrochemical Technologies in Wastewater Treatment, Separation and purification, 38:11-41.

Chen, X.Q., Zhao, T.T., Guo, Y.Q. e Song, S.Y. (2003) Material Input and Output Analysis of Chinese Economy System. Universitatis Pekinensis.*Ata Scientiarum Naturalium* 39(4): 538-547.

Chen, X.Q. e Qiao, L. J. (2001) A preliminary material input analysis of China. *População e Ambiente* 23 (1): 117-126.

Chen, X.Q. e Qiao, L. J. (2000) Material flow analysis of Chinese economic- environmental system. *Journal of Natural Resources* 15 (1):17-23.

Chen, S.G., Xu, J.C., Zheng, T.H. e Liu, L.M. (1983) Aplicação de fluxos de materiais no ambiente industrial da cidade de Dukou - o movimento e a distribuição de ferro, queixo e vanádio no ambiente. *Sichuan Environment*, vol. 1: 14-18.

Chian,E.S.K& F.B. DeWalle, (1976) Sanitary landfill leachates and their treatment, *Journal of Environmental Engineering Division* 102(2):411-431.

Choy,W.F.,Fauziah,S.H., e Agamuthu,P. (2003) Municipal Solid Waste Management in Sabak Bernam District, Selangor in Proceeding of *Malaysian Science and Technology Congress 2002*,510-516pp.Genting Highlands,Pahang

Chuanbin, Z.,Wenjun, F., Wanying X., Aixin C.,& Rusong W., (2014) Caraterísticas e o potencial de recuperação de resíduos plásticos obtidos a partir da exploração de aterros sanitários.*Journal of Cleaner Production* 80 : 80-86.

Christensen, T.H., JOrgensen, P., & Andersen, L. (1982): Notes about Controlled Landfills. Teknisk Forlag, Copenhaga.

Claudia, C. (2005) Diapositivos em Powerpoint. Fluxos de elementos urbano-rurais: potencialidades e desafios para uma gestão sustentável do território. Apresentado na *Conferência sobre Balanços de Elementos: Sessão Element Balances on a Regional Scale*, 12-17 de março de 2005. Tirana, Albânia.

Cointreau, Sandra (2006) *'Occupational And Environmental Health Issues of Solid Waste*

Management: Special emphasis on Middle and Lower-Income Countries', Report to the Waste Management Unit of the World Health Organization, Europe Regional Office.

Coleman, D.D., 1979: The origin of drift-gas deposits as determined by radiocarbon dating of methane. Em *Radiocarbon Dating,* R. Berger and H.E. Seuss (eds), University of California Press, Berkeley,365-387pp.

Cossu, R., Raga,R. &Vettorazzi,G. (2005) Carbon and Nitrogen Mass Balance in Some Landfill Models For Sustainability Assessment. Proccedings Sardinia 2005. Apresentado no Tenth (10th)International Waste Management and Landfill Simpósio em 3 -7[rdth] outubro de 2005, S. Margherita Di Pula, Cagliari, Itália.

Cossu R. (2004). Mass balance: the key fator for landfill sustainability; IWWG Seminar, Abbazia di Praglia, 19-21 may 2004, Eurowaste, Padova,Italy.

Cossu, R., Blakey, N.C., e Trapani, P. (1987) Degradação de resíduos sólidos mistos em condições de saturação de humidade Proceedings in *International Symposium ISWA on Process Technology and Environmental impact of Sanitary Landfill, Vol. 1,* 19-23 de outubro de 1987, Cagliari, Itália.

Craft, D.G. and Blakey, N.C. (1988) Codisposal of sewage sludge and domestic waste in landfills, in Proceedings ISWA 1988, Vol. 1 Copenhagen, Academic Press,161-168 pp

Cristina, S., Xavier, G. e Teresa, V. (2006) Análise de fluxos de materiais adaptada a uma zona industrial. *Journal of Cleaner Production* 15: 1706-1715.

Cui, X.Z., Zhang, F.G. e Zhang, L.H. Uma análise do fluxo de energia e materiais no ecossistema urbano da cidade de Tanshan. *Journal of Ecology* 5(4): 41-45.

Daigo, I., Matsumoto,Y., Matsuno,Y. e Adachi,Y. (2009) Análise do stock e do fluxo de material de aço inoxidável com base em balanços de massa de Cr e Ni. *Journal of the Iron and Steel Institute of Japan,* 95(6): 506-514.

Daigo, I., Hashimoto, S., Matsuno, Y. e Adachi, Y. (2009) Material stocks and flows accounting for copper and copper-based alloys in Japan. *Resources, Conservation and Recycling* (53):208-217.

Damanhuri, E. & Padmi, T.(2000) Reuse and recycling as a solution to urban solid waste problems in Indonesia. In The Proceedings of the *ISWA International Symposium and Exhibition on Waste Management in Asian Cities*, Volume 2 pp 86-92. Hong Kong, China.

Danius, L., (2002) Data uncertainties in material flow analysis. Local case study a literature survey. Tese de licenciatura, Ecologia Industrial, Departamento de Engenharia Química e Tecnologia, Instituto Real de Tecnologia, Estocolmo.

Daniels,P.L., (2002) Approaches for quantifying the metabolism of physical economies:A comparative survey.Part II; Review of individual approaches. *Journal of Industrial Ecology* 6(1): 65-88

Daxbeck H, Lampert C, Morf L, Obernoster R, Rechberger H, Reiner I (1997). O metabolismo antropogénico de Viena. In: Bringezu S, et al., editores. In Proceedings *The ConAccount Workshop*, Wuppertal (Alemanha): Wuppertal Institut fu" r Klima, Umwelt, Energie: 247-52.

Demirbas,A.(2004) Pyrolysis of municipal plastic waste for recovery of gasoline-range hydrocarbons.*Journal of Analytical and Applied Pyrolysis* 72: 97-102

Sítio Web do Departamento de Estatística da Malásia. URL: http://www.statistics.gov.my/portal/images/stories/files/LatestReleases/banci/jadual_1.pdf. Acedido em 28 de janeiro de 2011.

Dellink, R.B. e Kandelaars, P.P.P.A.H. (2000) An empirical analysis of dematerialization: Application to metal policies in The Netherlands. *Ecological Economics* 33(2): 205-218

De Marco, O., Lagioia, G. e Mazzacane, E.P. (2001) Materials flow analysis of the Italian economy. *Journal of Industrial Ecology* 4 (2): 55-70.

Dockhom, T., Chang, L. & Ditchl, N. (1997) Removal of nitrogen from landfill leachate by using SBR-Technology. In Proceedings Sardinia '95, *6th International Landfill Symposium CISA*, Cagliari, Italy, 305-314pp.

Drakonakis, K., Rostkowski, K., Rauch, J., Graedel, T.E. e Gordon, R.B. (2007) Metal capital sustaining a North American city: Iron and copper in New Haven, CT. *Resources, Conservation and Recycling*, 49(4): 406-420.

Druckman, A., Sinclair, P. e Jackson, T. (2008) A geographically and socioeconomically disaggregated local household consumption model for the UK. *Journal of Cleaner Production*, 16: 870-880.

Du, B.H. (1988) An analysis of energy and material flow in ecosystem of Dali city. *Yunan Environmental Science,* 10: 15-18.

Duan, N., Liu, K.L., Sun, Q.H. e Li, Y.P. (2009) Contabilidade e análise do metabolismo dos materiais e do impacto ambiental no sistema económico chinês. *Soft Science,* 23(3): 1-5.

Du, T. e Cai, J. J. (2006) Study on material, energy, pollutant flows for iron and steel enterprise. *Iron and Steel* 41(4): 82-87

Duvigneaud, P., & Denaeyeyer-De Smet, S. (1977). L'Ecosysteme Urbs. L'Ecosysteme Urbain Bruxellois. Em P. Duvigneaud & P. Kestemont (Eds.), Productivite biologique en Belgique, Bruxelles; 581-597.

Tabelas de dados sobre as tendências da Terra: Climate and Atmosphere, (2001) Instituto de Recursos Mundiais, Agência Internacional de Energia, Quadro das Nações Unidas

Tabelas de dados sobre as tendências da Terra: Energy Consumption by Source, (2002) World Resources Institute, International Energy Agency, United Nations Framework

Tabelas de dados sobre as tendências da Terra: Produção de Energia por Fonte, (2003) Instituto de Recursos Mundiais, Agência Internacional de Energia, Quadro das Nações Unidas

Tabelas de dados de tendências da Terra: Greenhouse Gas Emissions by Source, (2004) World Resources Institute, International Energy Agency, United Nations Framework

Tabelas de dados sobre as tendências da Terra: Energia, (2005) Instituto de Recursos Mundiais, Agência Internacional de Energia, Quadro das Nações Unidas

AEA, 2004: Greenhouse gas emission trends and projections in Europe 2004. Relatório n.º 5/2004 da Agência Europeia do Ambiente (AEA), Progress EU and its member states towards achieving their Kyoto targets, Luxemburgo, 40 pp.

Eflin, J. (2006) Estimating environmental impacts of universities via material flow analysis. Comunicação apresentada na 4ª Conferência Internacional sobre Gestão Ambiental para Universidades Sustentáveis. Universidade de Wisconsin-Stereus Point, EUA.26th -30th junho de 2006

Ehrig, H.J. (1982) Results from investigation on degradation processes in lysimeters Gas and Wasserhaushalt - Veroffenttlichungen des Institut fur Stadtbauwesen. T.U., Braunschweig Heft 33, Eigenverlag

Emenike C.U, Fauziah S.H, Agamuthu P.(2011) Caracterização de lixiviados de aterros sanitários activos e impactos associados em peixes comestíveis (*Orechromis mossambicus*). *Malaysian Journal of Science* 30 (2): 99-104.

Administração da Informação sobre Energia.Departamento de Energia dos EUA. Growth of the landfill gas industry; 1996: URL http.eia.doe.gov/cneaf/solar.renewables.energy.annual/chap10. Html. Recuperado em 8th dezembro 2013

Agência do Ambiente do Japão. 1992. Qualidade do ambiente no Japão 1992. Tokyo.

Agência do Ambiente do Japão (EAJ) (1992), Quality of the environment of Japan 1992. Tokyo: Agência do Ambiente do Japão.

Eurostat (2013) Guia de compilação da análise do fluxo de materiais a nível económico (EW-MFA) 2013. 87p.

Eurostat (2001) Contas de fluxos de materiais em toda a economia e indicadores derivados. Um guia metodológico: Serviço de Publicações Oficiais das Comunidades Europeias, Luxemburgo

Erkman S, & Ramaswamy R (2003). *Applied industrial ecology: a new platform for planning sustainable societies.* Aicra Corp, Bangalore, Índia.

Fauziah, S.H. & Agamuthu, P (2012) Trends in sustainable landfilling in Malaysia, a developing country. *Gestão e Investigação de Resíduos* 30(7):656-663

Fauziah, S.H. (2010) Gestão de resíduos sólidos urbanos: A comprehensive Study in Selangor, Instituto de Ciências Biológicas, Universidade da Malásia, Tese de Doutoramento.

Fauziah, S.H. e Agamuthu,P. (2007) SWPlan Application for Malaysian Municipal Solid Waste Management (Aplicação do SWPlan para a gestão dos resíduos sólidos urbanos da Malásia). *Malaysian Journal of Science* 26(1):17-22

Fauziah,S.H. and Agamuthu,P.(2006) Viability of integrating resource recovery in MSW landfills in Malaysia-a case study.Paper presented at the *Intercontinental Landfill Research Symposium* 2006,16 May-18 May 2006,Gallivare,Sweden

Fauziah,S.H, e Agamuthu,P., (2004) Towards and improved municipal solid waste management in Malaysia:A possibility or a fiction?In Proceedings of The Environment 2010:Urban Environment.28-29 September 2004. 5pp. Seri Kembangan, Selangor.

Federico, L (2013) *Avaliação do turnover do azoto em aterros arejados por reatores à escala laboratorial*. Tese de Mestrado. Universita Degli Studi Di Padova, Itália.105pp.

Fehringer,R. B. Brandt, P.H. Brunner, H. Daxbeck, S. Neumayer, R. Smutny, J. Villeneuve, P. Michel, M. Kranert, M. Schultheis, D. Steinbach (2004). *MFA- Manual - Diretrizes para a utilização da Análise do Fluxo de Materiais (MFA) na gestão de Resíduos Sólidos Urbanos (RSU) (Projeto AWAST)*. Relatório científico para a Comissão Europeia. [Eletrónico versão]http://www.iwa.tuwien.ac. at/htmd2264/publikat/awspublikationen/Publikati onen/2004/AWAST%20D01 %20D02%20WP 1 %20MFA%20Manual.pdf

Fisher, B.S., et al (2007), Issues Related to Mitigation in the Long Term Context in *Alterações climáticas 2007: Mitigation of Climate Change - Contribution of Working Group III to the Fourth Assessment Report of the IPCC* [B. Metz, et al (eds.)], Cambridge University Press, Cambridge, Reino Unido e Nova Iorque.

Fischer-Kowalski, M., Huttler, W. (1999). O Metabolismo da Sociedade. A história intelectual da análise do fluxo de materiais. Parte II, 1970-1998. *Journal of Industrial Ecology 2* (4): 107-136.

Fischer-Kowalski, M. (1998a). O Metabolismo da Sociedade. In: Redclift, G., Woodgate, G. (Eds.) *International Handbook of Environmental Sociology*. Edward Elgar, Cheltenham, Inglaterra.

Fischer-Kowalski, M. (1998b). O Metabolismo da Sociedade. The Intellectual History of Materials Flow Analysis, Part I, 1860-1970. *Journal of Industrial Ecology 2* (1): 61-78.

Forster, P., V. Ramaswamy, P. Artaxo, T. Berntsen, R. Betts, D.W. Fahey, J. Haywood, J. Lean, D.C. Lowe, G. Myhre, J. Nganga, R. Prinn, G. Raga, M. Schulz e R. Van Dorland, 2007: Changes in Atmospheric Constituents and in Radiative Forcing (Mudanças nos Constituintes Atmosféricos e no Forçamento Radiativo). *In: Climate Change 2007: ThePhysical Science Basis. Contribuição do Grupo de Trabalho I para o Quarto Relatório de Avaliação do Painel Intergovernamental sobre Alterações Climáticas* [Solomon, S., D. Qin, M. Manning, Z. Chen, M. Marquis, K.B. Averyt, M.Tignor e H.L. Miller (eds.)]. Cambridge University Press, Cambridge, Reino Unido e Nova Iorque, NY, EUA.

Friedrich Hinterberger, Stefan Giljum& Mark Hammer 2003 Material Flow Accounting and Analysis (MFA) :A Valuable Tool for Analyses of SocietyNatureInterrelationships Sustainable Europe Research Institute (SERI) Vienna, Austria.*The Internet Encyclopaedia of Ecological Economics.*International Society of Ecological Economics.See: http://www.ecologicaleconomics.org/publica/encyc.htm

Frosch RA, Clark WC, Crawford J, Sagar A, Tschang FT (1997). A ecologia industrial dos metais: um reconhecimento. Philosophical Transactions of the Royal Society A;335:1335-47Gandolla, M. (1982) Results from lysimeter studies at the sanitary landfills of Croglio, Switzerland, Gas and Wasserhaushalt von Mulldeponien, Veroffentlichungen des Institut fur Stadtbauwesen, T.U. Baraunschweig Heft 33, Eigenverlag.

Geyer,R., Davis, J., Ley, J., He, J., Clift, R., Kwan, A.,Sansom,M., Jackson.,T. (2007) Time-dependent material flow analysis of iron and steel in the UK Part 1: Production and consumption trends 1970-2000. *Resources, Conservation and Recycling*, vol. 51: 101-117

Giegrich, J. e R. Vogt, 2005: The contribution of waste management to sustainable development in Germany. Relatório do Umweltbundesamt FKZ 203 92 309, Berlim

Graedel, T.E., van Beers, D., Bertram, M., Fuse, K., Gordon, R.B., Gritsinin, A., Harper, E.M. (2005) The multilevel cycle of anthropogenic zinc. *Journal of Industrial Ecology* 9(3): 67-90.

Graedel, T.E (2004). Apresentação de slides em Powerpoint Metal Stocks, Flows & Sustainability. Universidade de Yale, EUA

Graedel,T.E., Van Beers,D., Bertram,M., Fuse,K., Gordon,R.B., Gritsinin, A., Kapur, A., Klee, R., Lifset, R., Memon, L., Rechberger, H., Spatari, S., e Vexler, D. (2004). The multilevel cycle of anthropogenic copper (O ciclo multinível do cobre antropogénico). *Environmental Science & Technology*, 38: 1242-1252.

Graedel, T. E. Bertram, M. Fuse, K. Gordon, R. B. Lifset, R. Rechberger, H. Spatari, S. (2002). O ciclo contemporâneo do cobre europeu: A caraterização dos ciclos tecnológicos do cobre. *Ecological Economics 42:* 9-26.

Gravgaard, P.O. (2000) *Material flow accounts and analysis for Denmark*. Reunião da Task Force do Eurostat sobre Contabilidade dos Fluxos de Materiais, Luxemburgo.

Grodzinska-Jurczak,M. (2011) Gestão de resíduos sólidos industriais e urbanos na *Polónia. Recursos, Conservação e Reciclagem* 32(2):85-103

Guyonnet,D., Didier-Guelorget,B.,Provost,G., Feuillet,S. (1998). Contabilização dos efeitos do armazenamento de água na modelação de lixiviados de aterros sanitários.Waste *Management & Research* 16 (3): 285-295.

Guyonnet, D e Bourin, A (1994) MOBYDEC versão 2 1 Manual do utilizador. Relatório ANTEA A01419 (não publicado).

Hackl A. e Mauschitz G. 2008 Role of waste management with regard to climate protection: a case study (O papel da gestão de resíduos na proteção do clima: um estudo de caso). *Waste Management & Research*, 26 (1): 5-10

Hao ,Y.J.,Wu,W.X.,Wu.S.W.,Sun,H.,Chen,Y.X.(2008) Municipal Solid Waste decomposition underoversaturated condition in comparison with leachate recirculation.*Process Biochemistry* 43(1):108-112

Hammer,M., Giljum, S., e Hinterberger, F. (2003) Material Flow Analysis of the City of Hamburg. Comunicação apresentada no Workshop *"Quo vadis MFA? Material Flow Analysis-Where do we go? Issues, Trends and Perspectives of Research for Sustainable Resource Use"*, em outubro de 2003, Wuppertal, Alemanha.

Hashimoto, S., Y. Moriguchi, A. Saito, and T. Ono, (2004) Six indicators of material cycles for describing society's metabolism: application to wood resources in Japan. *Resources, Conservation and Recycling*, 40(3): 201-223.

Hassan, M.N., Z. Zakaria e R.A. Rahaman 1999, Managing Costs of Urban Pollution in Malaysia: The case of Solid Waste, documento apresentado no *Majlis Perbandaran Petaling Jaya (Seminário MPPJ)* Petaling Jaya, Malásia.

Hauser, V.L., B.L. Weand, e M.D. Gill. (2001) Natural Covers for Landfills and Buried Waste (Coberturas naturais para aterros e resíduos enterrados). *Journal ofEnvironmental Engineering*:768 -775.

Hawkins,T., Hendrickson, C., Higgins, C. e Matthews, H.S. (2007) A mixed-unit inputoutput model for environmental life-cycle assessment and material flow analysis. *Environmental Science and Technology* 41(3): 1024-1031.

Hedbrant, J & Sorme, L (2001) Data Vagueness and Uncertainties in Urban Heavy-Metal Data Collection. *Water, Air and Soil Pollution:Focus* 1 (3-4);43-53

Heeres, R. R., Vermeulen, W. J., de Walle, F. B. (2004). Eco-industrial park initiatives in the USA and the Netherlands: first lessons. *Journal of Cleaner Production* 12: 985995.

Henseler G, Bader H-P, Oehler D, Scheidegger R, Baccini P. (1995).*Theory and implementation of corporate material accounting*. Zurique, Suíça.

Hekkert,M.P., Joosten, L.A e Worrell, E. (2000) Analysis of the paper and wood flow in The Netherlands.Resources, *Conservation and Recycling* 30 (1): 29-48.

Heyer, K.U. e Stegmann, R. (1997) The long-term behaviour of landfills: results of the joint research project Lanfill body. In Proceedings *Sardinia 1997. Sexto Simpósio Internacional sobre Gestão de Resíduos e Aterros*. CISA, Cagliari.

Hiroshi,T. (2008) Slides de Powerpoint. *Desenvolvimento de um modelo dinâmico de fluxo de substâncias de zinco no Japão.*

Hischier,R., Wager, P. e Gauglhofer, J. (2005) Does WEEE recycling make sense from an environmental perspective? The environmental impacts of the Swiss take-back and recycling systems for waste electrical and electronic equipment (WEEE). *Environmental Impact Assessment Review* 25: 525-539.

Hoornweg,D.(2000) Waste trends in Asia and some suggested responses In the Proceedings of ISWA International Symposium and Exhibition on Waste Management in Asian Cities,Volume 1 pp 7-15.Hong Kong,China.

Hoorwerg, D e Thomas, L (1999) *What a waste : Solid Waste Management in Asia*. Série de documentos de trabalho para a região da Ásia e do Pacífico, Banco Mundial (Divisão de Desenvolvimento Urbano), Washington D.C.

Huang,D.B., Bader,H.P., Scheidegger,R. Schertenleib,R.& Gujer,W. (2007) Confrontando limitações. Novas soluções necessárias para a gestão da água urbana na cidade de Kunming. *Jornal de Gestão Ambiental* 84: 49-67.

Huang, X.F. &Zhu, D.J. (2007) Material Input Analysis of Shanghai Economic and Environmental System China Population, *Resources and Environment* 17(3): 96-99.

Huang, D.-B., Bader, H.-P., Scheidegger, R., Schertenleib, R.,Gujer, W., (2005) Confronting limitations: new solutions required in urban water management of a Chinese mega-city. *Journal of Environmental Management* 84(1) :49-61.

Huang, S. L. and Xu, W. L. (2003) Materials flow analysis and energy evaluation of Taipei's urban construction. *Landscape and Urban Planning* 63(2):61-74.

Huber-Humer,M., Gamperling,O. e Huber, P.P. (2010). The fate of nitrogen relating to in-situ aeration of landfills (O destino do azoto relacionado com o arejamento in-situ de aterros). Trabalho apresentado na *1ª Conferência Internacional sobre Sumidouros Finais; Do Aterro Sanitário ao Aterro Sustentável - porquê, como e quando?* ,23rd - 25th setembro 2010, Viena, Áustria.

Huber, R., Fellner, J., Doberl, G., Brunner, P.H., (2004). Water flows of MSW landfills and implications for long-term emissions (Fluxos de água dos aterros de RSU e implicações para as emissões a longo prazo). Journal of Environmental Science and Health, Part A - *Toxic/Hazardous Substances and Environmental Engineering* 39(4): 881-896.

Huber-Humer, M., (2004) *Abatimento das emissões de metano de aterros sanitários por oxidação microbiana em biocoberturas feitas de composto.* Tese de doutoramento, Universidade de Recursos Naturais e Ciências da Vida Aplicadas (BOKU), Viena, 279 pp.

Hunhammar, S. (1995) Cycling residues: Potencial de aumento da procura de transportes devido à reciclagem de materiais na Suécia. *Resources, Conservation and Recycling,* vol. 15(1):21-31.

Irina,S e Chamhuri,S. (2004) Estudo sobre o comportamento de minimização da gestão de resíduos na Malásia; reduzir, reutilizar e reciclar. In Actas da *Conferência Internacional LUCED-I&UA em Tecnologia Ambiental,* Putrajaya Malásia, 400-403pp.

Isacsson,A. e Jonsson, K. (2000). *Contas de fluxos de materiais DMI e DMC para a Suécia 1987-1997.* Documento de trabalho do EUROSTAT nº 2 /2000 /B /2. Luxemburgo.

Igarashi, Y., Daigo, I., Matsuno, Y. e Adachi, Y. (2005) Dynamic material flow analysis for stainless steels in Japan and CO2 emissions reduction potential by promotion of closed loop recycling. *Journal of the Iron and Steel Institute of Japan* 91(12): 903909.

Agência Internacional da Energia AIE, 2009. Scientific Report on Turning a Liability into an Asset: the Importance of Policy in Fostering Landfill Gas Use Worldwide. http://www.iea.org/papers/2009/landfill.pdf. Acedido em 30 de março de 2011.

Painel Intergovernamental sobre as Alterações Climáticas (IPCC) 2007. *Alterações Climáticas 2007: Mitigação. Contribuição do Grupo de Trabalho III para o Quarto Relatório de Avaliação do Painel Intergovernamental sobre as Alterações Climáticas.* Capítulo 10 - Gestão de resíduos. J. Bogner, coordenador principal. B. Metz, O.R. Davidson, P.R. Bosch, R. Dave, L.A. Meyer (eds). Cambridge University Press.

Painel Intergovernamental sobre as Alterações Climáticas (IPCC) 2006. *Diretrizes do IPCC para os inventários nacionais de gases com efeito de estufa.* IPCC/IGES, Hayama, Japão.URL http://www.ipcc- nggip.iges.or.jp/public/2006gl/ppd.htm. Acedido em 30 de março de 2011.

Painel Intergovernamental sobre as Alterações Climáticas (IPCC) 2001. "Summary for Policy Makers: A Report of Working Group I of the IPCC," in *Climate Change 2001: Synthesis Report - Contribution of Working Groups I, II, and III to the Third Assessment Report of the Intergovernmental Panel on Climate Change* [R.T. Watson, et al (eds.)], Cambridge University Press, Cambridge, UK and New York.

Painel Intergovernamental sobre as Alterações Climáticas (IPCC) 1996: *Greenhouse gas inventory reference manual: Revised 1996 IPCC guidelines for national greenhouse gas inventories,* Reference manual Vol. 3, J.T. Houghton, L.G. Meira Filho, B. Lim, K. Treanton, I. Mamaty, Y. Bonduki, D.J. Griggs and B.A. Callender [Eds]. IPCC/OECD/IEA. UK Meteorological Office, Bracknell, pp. 6.15-6.23.

Painel Intergovernamental sobre as Alterações Climáticas (IPCC) 1995. Climate Change 1994 : *Radiative Forcing of Climate Change, Painel Intergovernamental sobre as Alterações Climáticas (IPCC)* Cambridge University Press, Cambridge Reino Unido.

Livro Branco da ISWA (Associação Internacional de Resíduos Sólidos) (2009) Waste and Climate Change (Resíduos e alterações climáticas). 38p.

Joosten, L.A.J., Hekkert, M.P., e Worrell, E. (2000) Assessment of the plastic flows in The Netherlands using STREAMS. *Resources, Conservation and Recycling* 30 (2): 135-161.

Johannessen,L.M(1999)," Guidance Note on Recovery of Landfill Gas from Municipal Solid

Waste Landfills

Jung, C.H., Matsuto,T., Tanaka,N. (2006) Análise do fluxo de metais num sistema municipal de gestão de resíduos sólidos. *Gestão de Resíduos* 26:1337-1348.

Jabatan Perangkaan Malaysia 2010.Laporan KiraanPermulaan 2010. http://www.statistics.gov.my/ccount12/click.php?id=2127. p. iv Acedido em 24 de janeiro de 2011.

Joardar, S.D. (2000) Urban Residential Solid Waste Management in India: Issues related to Institutional Arrangements, *Public Works Management and Policy* 4(4):319-330.

John A. Ogren , Robert J. Charlson , Peter J. Groblicki (1983) Determination of elemental carbon in rainwater. *Anal.* Chemistry 55 (9): 1569-1572.

J0rgensen, M. & Kjeldsen, P. (1994): Source Strength Rating of old landfills: Projeto sobre solos e águas subterrâneas n.º 16, Ministério do Ambiente dinamarquês, Copenhaga.

Kapur, A., Keoleian, G. e Kendall, A. (2008) Dynamic modeling of in-use cement stocks in the United States. *Journal of Industrial Ecology* 12(4)L: 539-556.

Kay, M.G. & Parlikad, A.N. (2002) *Material flow analysis of public logistic networks. In progress in Material Handling Research*. [Meller, R. eds].Material Handling Institute.Charlotte, Carolina do Norte, EUA; 205-278.

Kinman, R.N. et al (1987) Gas Enhancement Techniques in Landfill Simulators, *Waste Management and Research* 5: 27-39

Korner,I.,Saborit-Sanchez,I. e Aguilera-Corrales,Y. (2008) Proposta para a integração da compostagem descentralizada da fração orgânica dos resíduos sólidos urbanos no sistema de gestão de resíduos de Cuba. *Waste Management* 28(1): 64-72

Kulikowska, D. e Klimiuk, E. (2008) The effect of landfill age on municipal leachate composition, *Bioresource Technology*, 99:5981-5985.

Kulikowska D., Klimiuk E. (2004) Removal of Organics and Nitrogen from Municipal Landfill Leachate in Two-Stage SBR Reactors. *Jornal polaco de estudos ambientais* (13)4: 389-396.

Klee,R.J & Graedel,T.E. (2004) Elemental cycles: A Status Report on Human or Natural Dominance.Annual Review of Environment and Resources 29:69-107.

Kleijn R & Van der Voet E.(2001) *The relation between bulk-MFA and SFA. Folkets Hus, :Workshop of Economic Growth*, Material Flows and Environmental Pressure, Estocolmo, Suécia.

Kleijn, R., Bringezu, S., Fischer-Kowalski, M., Palm, V. (1999) *Ecologizing Societal Metabolism. Designing Scenarios for Sustainable Materials Management*. Relatório CML 148, Leiden.

Kleijn, R., Van der Voet E, Udo de Haes, HA. (1994). Controlo dos fluxos de substâncias: o caso do cloro. *Environmental Management* 8:523-42.

Komilis, D., Alexandros, E., Georgios, G. & Constantinos, L. (2012) Revisitar a composição elementar e o valor calorífico da fração orgânica dos resíduos sólidos urbanos. *Gestão de Resíduos* 32; 372-381

Kondo,Y. e Nakamura, S. (2004) Evaluating alternative life-cycle strategies for electrical appliances by the waste input-output model. *Jornal Internacional de Avaliação do Ciclo de Vida* 9 (4): 236-246.

Korhonen, J., Wihersaari, M., e Savolainen, I. (2001) Industrial ecosystem in the Finish forest industry: using the material and energy flow model of a forest ecosystem in a forest industrial system. *Ecological Economics* 39: 145-161.

Kwonpongsagoon,S., Waite, D.T., Moore, S.J e Brunner, P.H. (2007) A substance flow analysis in the southern hemisphere: cadmium in the Australian economy. *Clean Technology Environment Policy* 9: 175-187.

Kytzia,S., Faist,M. e Baccini, P. (2004) Economically extended-MFA: a material flow approach for a better understanding of food production chain. *Journal of Clean Production* 12: 877-889.

Lacoste, E. e Chalmin, P. (2006). *From Waste to Resource -2006 World Waste Survey*, Economica Editions.

Laner, D., Fellner, J & Brunner, P. (2010) Environmental Compatibility of Closed Landfills - Assessing Future Pollution Hazard. Apresentado na *1ª Conferência Internacional sobre Sumidouros Finais: From Sanitary to Sustainable Landfilling - why, how, and when?* on 23rd - 25th September 2010, Vienna, Austria.

Larsen, T. e Boller, M., (2001).*Perspectivas de recuperação de nutrientes nos conceitos*

DESAR. In: Saneamento Descentralizado e Reutilização: Concepts, Systems and Implementation. [P. Lens, G. Zeeman and G. Lettinga (Eds)] .IWA Publishing.

Lassen C, Hansen E. (2000) Paradigm for substance flow analysis: guide for SFAs carried out for the Danish EPA. Dinamarca: Agência Dinamarquesa de Proteção do Ambiente.

Laura S., Riina A. e Pekka K. (2004) Flow of nitrogen and phosphorus in municipal waste: a substance flow analysis in Finland. *Jornal de Ecologia Industrial* 1: 165-186

Leitzke, O. (1996) *Landfill treatment by photochemical wet oxidation*. Roczn. PZH, 1 (47); 125pp.

Lelieveld, J., Crutzen P.J., Dentener,F.J., (1998) Changing concentration, lifetime and climate forcing of atmospheric methane, *Tellus B* 50 (2): 128-150.

Lema J.M., Mendez R e Blazquez R (1988) Characteristics of landfill leachates and alternatives for their treatment: a review. *Water, Air, and Soil Pollution* 40: 223-250.

Leontief, W. (1936) Quantitative Input and Output Relations in the Economic System of the United States. *The Review of Economics and Statistics* 18;105-125.

Li, D., Wang, Y.L., Fu, Y. e Niu, W.Y.(2007) The Efficiency Analysis of Material Flow Account for the 19 Cities of China. *Resources Science* 29(6): 177-182.

Li, G. (2004) Análise do fluxo de materiais das nações com base no desenvolvimento sustentável. *China Industrial Economy*, No. 11: 11-18.

Li, G.(2005) Material flow analysis of the environmental cost in China's foreign trade. *Statistical Research*, No. 9: 60-64.

Liu, K.L., Duan, N., e Wu, C.Y. (2009a) Analysis on material input and dematerialization of China's economy during 1990-2005. *Technology Economics* 28(4): 71-75.

Liu Y, Gong XZ, Nie ZR, Zhang Q, Wang ZH.(2009b) Conceção e desenvolvimento de um sistema de software de avaliação do ciclo de vida dos materiais. *Jornal da Universidade de Tecnologia de Pequim*; 35(7): 9916.

Liu, W., Ju, M.T., Yu, J.L., e Li, Z. (2006) Analysis on Material Flow of Economic and Environmental System in Tianjin. *Urban Environmental and Urban* Ecology 19(6): 8-11.

Liu, Y. e Chen, J.N. (2006) Análise do fluxo de substâncias do sistema de ciclo do fósforo na China. *China Environmental Science* 26(2): 238- 242.

Liu, J.Z., Wang, Q., Gu, X.W., Ding, Y., e Liu, J.X. (2005*) Diret Material Input and Dematerialization Analysis of Chinese Economy. Resources Science* 27(1); 46-51. Living Planet Report (2008) WWF, Zoological Society of London, Global Footprint Network WWF International. pp 48.

Lou, Y. (2007) *Material Metabolism for Cities: Metodologia e estudo de caso da cidade de Handan*. Universidade de Tsinghua, junho de 2007.

Lu, L.T., Chang, I.C., Hsiao, T.Y., Yu, Y.H., & Ma, H.W. (2007). Identificação da fonte de poluição do cádmio no solo, aplicação da análise do fluxo de materiais e um estudo de caso em Taiwan. *Environmental Science Pollution Research 14* : 49-59.

Lu, Z.W. (2002) Análise do fluxo de ferro para o ciclo de vida dos produtos siderúrgicos - Um estudo sobre o índice de fontes de emissão de ferro. *Ata Metallurgica Sinica* 38(1);58-68.

Departamento Meterorológico da Malásia (MMD) 2009. Relatório científico sobre *cenários de alterações climáticas para a Malásia 2001-2009.*MOSTI.

Comunicação Nacional da Malásia, apresentada à UNFCCC; Ministério da Ciência, Tecnologia e Ambiente, agosto de 2000. Terceiro Plano Preliminar de Perspectivas da Malásia (OPP3, 2001-2010)

http://www.epu.gov.my/html/themes/epu/images/common/pdf/3rd OPP cont cap 7.pdf. Acedido em 25 de janeiro de 2011

Marttinen, S.K., Kettunen, R., H., Sormunen, K. M., Soimasuo, R.M. & Rintala, J.A.(2002) Screening of physical-chemical methods for removal of organic material, nitrogen and toxicity from low strength landfill leachates. *Chemosphere* 46;851

Mao, J.S., Yang, Z.F., e Lu, Z.W. (2007) *Industrial flow of lead in China.Transactions of Nonferrous Metals Society of China* 17: 400-411.

Matheson (2002) TriGas. Ficha de dados de segurança do material para misturas de amoníaco/gás de ar. Parsippany, NJ.

Matthews, E., Amann, C., Bringezu, S., Ficher-Kowalski, M., Hu" ttler, W., Kleijn, R., Moriguchi, Y., Ottke, C., Rodenburg, E., Rogich, D., Schandl, H., Schu" tz, H., Van Der Voet, E., Weisz, H., (2000). *The Weight of Nations -/Material Outflows from Industrial Economies.*

World Resources Institute, Washington, DC.

Matthews, E., Bringezu, S., Fischer-Kowalski, M., Huetller, W., Kleijn, R., Moriguchi, Y., Ottke, C., Rodenburg, E., Rogich, D., Schandl, H., Schuetz, H., van der Voet, E., Matsube Y. K., Kubo H., Nakajima, K. & Nagasaka T. (2009) Material Flow Analysis of Phosphorus in Japan: A indústria do ferro e do aço como uma das principais fontes de fósforo. *Jornal de Ecologia Industrial*: 650-654

Michaelis, P. e Jackson, T. (2000a) Material and energy flow through the UK iron and steel sector. Parte 1: 1954-1994. *Resources, Conservation and Recycling* 29 (122):131-156

McBean,E.A, Poland,R.,Rovers,F., and Crutcher,A.J. (1982) Leachate Collection Design for Containment Landfills. *Journal of Environemntal Engineering:* 204-209

Mertins,L., C. Vinolas, A. Bargallo, G. Sommer, e J. Renau, 1999: Desenvolvimento e aplicação de factores de resíduos - Uma visão geral. Relatório Técnico nº 37, Agência Europeia do Ambiente, Copenhaga.

Michaelis, P. e Jackson, T. (2000 b) Material and energy flow through the UK iron and steel sector. *Parte 2: 1994-2019. Resources, Conservation and Recycling* 29 (3): 209-230.

Milan, S., Jan, K. e Tomas, H. (2003) Material flow accounts, balances and derive indicators for the Czech Republic during the 1990s: results and recommendations for methodological improvements. *Ecological Economics* 45 (1): 41-57.

Ministério da Habitação e do Governo Local da Malásia e Agência de Cooperação Internacional do Japão (2006) *The Study On National Waste Minimisation In Malaysia*, Relatório Final, 106 p.

Ministério da Ciência, Tecnologia e Ambiente (MOSTE), 2000. *Comunicação Nacional Inicial da Malásia*, 131pp.

Mohd Armi.A.S., Latifah, A.M.Agamuthu,P.,Wan Nor Azmin, S. e Amimul, A. (2013) Composição de dados reais dos resíduos sólidos urbanos (RSU) gerados em Balakong, Selangor, Malásia. *Jornal de Ciências da Vida* 10(4);1687-1694

Moll, H.C., Noorman, K.J., Kok, R., Throne-Holst, H. And Clark, C. (2005) Pursuing more sustainable consumption by analyzing household metabolism in European countries and cities. *Journal of Industrial Ecology* 9(1): 259-275.

Monni, S., R. Pipatti, A. Lehtilä, I. Savolainen, e S. Syri, 2006*: Global climate change mitigation scenarios for solid waste management (Cenários de mitigação das alterações climáticas globais para a gestão de resíduos sólidos).* Espoo, Centro de Investigação Técnica da Finlândia. Publicações VTT, n.º 603, pp 51.

Montangero,A. & Belevi, H.(2008) Uma abordagem para otimizar a gestão de nutrientes em sistemas de saneamento ambiental apesar dos dados limitados. *Jornal de Gestão Ambiental* 88 (4);1538-1551

Montangero, A., Cau, L.N., Viet Anh, N., Nga, P.T., Tuan, V.D., Belevi, H., (2006). Otimização da gestão da água e dos nutrientes em Hanói, Vietname. SANDEC News 7, abril de 2006. EAWAG/SANDEC, Duebendorf, Suíça.

Montangero, A, Anh, N.V., Lüthi C, Schertenleib, R. &Belevi, H (2006). Construir o conceito de análise do fluxo de materiais na abordagem de planeamento do saneamento ambiental centrado no agregado familiar. Actas da Conferência *sobre Esforços Renovados para Planear o Desenvolvimento Sustentável.* Academia Europeia para o Ambiente Urbano e Universidade Técnica de Berlim, Alemanha, 29th -30th agosto de 2006

Morf, L., Tremp, J., Gloor, R. & Schuppisser, F.(2006) Metais, não metais e PCB nos resíduos eléctricos e electrónicos - níveis reais na Suíça. *Gestão de Resíduos* 27: 1306 -1316

Morf, L., Tremp, J., Gloor, R., Huber, Y., Stengele,M & Zennegg,M.(2005). Retardadores de chama bromados em resíduos de equipamentos eléctricos e electrónicos: fluxos de substâncias numa instalação de reciclagem. *Ambiente, Ciência e Tecnologia* 39(22): 8691-8699

Morf, L. (2000) powerpoint slides Analysis of waste composition based on MFA and LCA. Apresentado na conferência NEWA de 25-26 de setembro de 2008, Viena, Áustria.

Moriguchi, Y. (2003). Rumo a uma sociedade com ciclos de materiais sólidos: Indicadores de fluxo de materiais e seus objectivos quantitativos. *Waste Management Research Tokyo* 14(5); 242-251.

Müller, D.B., Wang, T., Duval, B. e Graedel, T.E. (2006) *Exploring the engine of anthropogenic iron cycles.* PNAS 103(44): 16111-16116.

Mutha,N.H., Patel, M. e Premnath, V. (2006) Plastics materials flow analysis for India.

Resources, Conservation and Recycling 47: 222-244.

Muukkonen, J. (2000) *TMR, DMI e balanços de materiais*, Finlândia 1980- 1997. Documento de trabalho do EUROSTAT, n° 2 /2000 /B /1. Luxemburgo. Nakamura, S. e Kondo, Y. (2002) Input-output analysis of waste management. *Journal of Industrial Ecology* 6 (1): 39-63.

Nakamura, S. e Kondo, Y. (2006) A waste input-output life-cycle cost analysis of the recycling of end-of-life electrical home appliances. *Ecological Economics* 57; 494506.

Nakamura, S., Nakajima, K., Kondo, Y. e Nagasaka, T. (2007) The waste input-output approach to materials flow analysis - Concepts and application to base metals. *Journal of Industrial Ecology* 11(4): 50-63.

Nasir, A.A. 2007, Institucionalização da gestão de resíduos sólidos na Malásia: Department of National Solid Waste Management; Ministry of Housing and Local Government Malaysia, apresentação em power point em 6th December 2007,Kuala Lumpur,Malaysia.

Instituto Nacional de Investigação Hidráulica da Malásia (NAHRIM). 2006. *Estudo do impacto das alterações climáticas no regime hidrológico e nos recursos hídricos da Malásia Peninsular - Relatório Final*. Ministério dos Recursos Naturais e do Ambiente, pp.184.

Política Nacional sobre Alterações Climáticas da Malásia (2010) Ministério dos Recursos Naturais e do Ambiente da Malásia. 22pp

Nesadurai, N., 1999, The 5R Approach to Environmentally Sound Solid Waste, documento apresentado no Seminário "Local Communication and the Environment" organizado pela EPSM, 24-25th outubro 1998 Shah's Village Hotel, Petaling Jaya,Selangor.

Neset, T.S.S., Bader, H.P. e Scheidegger, R. (2006) Food consumption and nutrient flows - Nitrogen in Sweden since the 1870s. *Journal of Industrial Ecology* 10(4): 61-75.

Newcombe K, Kalma ID, Aston AR. (1978) The Metabolism Of A City: The Case Of Hong Kong. *Ambio* 7:3-15.

Nicolas, E., Agata, R, Martin, K. (2012). *Compreender a Gestão de Resíduos numa Megacidade - Experiências em Adis Abeba, Etiópia*

Nono (9th) Plano da Malásia (2006-2010) http://www.epu.gov.my/html/themes/epu/html/rm9/english/Chapter22.pdf. Acedido em 25 de janeiro de 2011.

Niza, S. e Ferr'ao, P. (2005) O metabolismo de uma economia de transição: O caso de Portugal. Recursos, Conservação e Reciclagem 46;. 265-280.

Odum,H.T. e Odum,E.C. (2006) The prosperous way down. *Energia* 31(1): 21-32

OCDE (2007), Measuring Material Flows and Resource Productivity - An OECD Guide, OCDE, Paris.

OCDE (2008a): Measuring Material Flows and Resource Productivity. Relatório de síntese. Paris. http://www.oecd.org/dataoecd/55/12/40464014.pdf

OCDE (2008b): Measuring Material Flows and Resource Productivity. Volume 1 - O Guia da OCDE. Paris. http://www.oecd.org/dataoecd/46/48/40485853.pdf

OCDE (2008c): Measuring Material Flows and Resource Productivity. Volume 2 - O quadro contabilístico. Paris. http://www.oecd.org/dataoecd/46/51/40486044.pdf

OCDE (2008d): Measuring Material Flows and Resource Productivity. Volume 3 - Inventário das actividades dos países.   Paris. http://www.oecd.org/dataoecd/47/28/40486068.pdf

OCDE, 2004: Towards waste prevention performance indicators. Direção do Ambiente da OCDE, Grupo de Trabalho sobre Prevenção e Reciclagem de Resíduos e Grupo de Trabalho sobre Informação e Perspectivas Ambientais. 197 pp

OCDE (2003) Compêndio de dados ambientais da OCDE 2002. Paris. http://www.oecd.org. Acedido em 24 de janeiro de 2011

Paraskaki, I. & Lazaridis, M. (2005) Quantification of landfill emissions to air: a case study of the AnoLiosia landfill site in the Greater Athens area. *Waste Management and Research* 23: 199-208.

Patel, M.K., Jochem, E., Radgen, P. e Worrell, E. (1998) Plastics streams in Germany- an analysis of production, consumption and waste generation. *Resources, Conservation and Recycling* 24: 191- 215.

Petrovic, B. (2007) Statistics Austria 1996-225, Viena.

Polprasert, C. (1996). Organic Waste Recycling Technology and management, 2nd Edition. John

Wiley and Sons.

Porte, M.S., Widmer, R., Jain, A., Bader, H.P., Scheidegger, R. e Kytzia, S. (2005) Key drivers of the e-waste recycling system: Assessing and modelling e-waste processing in the informal sector in Delhi (Avaliação e modelação do processamento de resíduos electrónicos no sector informal em Deli). *Environmental Impact Assessment Review* 25: 472-491.

Poulsen, T.G., Moldrup, P., S0rensen, K., & Hansen, J.Aa. (2002): Linking landfill hydrology and leachate chemical composition at a controlled municipal landfill (Kastrup, Denmark) using state-space analysis. *Waste Management & Research* (20): 445-456.

Rathi,S. (2005) Alternative approaches for better municipal solid waste management in Mumbai, India.*Waste Management* 26(10):1192-2000.

Rathje, W.L., W.W. Hughes, D.C. Wilson, M.K. Tani, G.H. Archer, R.G. Hunt, e T.W. Jones, (1992) The archaeology of contemporary landfills. *American Antiquity* 57(3): 437-447.

Richards, K., 1989: Gás de aterro: trabalhando com Gaia. *Biodeterioration Abstracts* 3(4): 317331

Risku-Norjaa,H and Maenpaab, I (2007) MFA model to assess economic and environmental consequences of food production and consumption. *Ecological Economics* 60: 700-711.

Ritzkowski, M., e Stegmann, R. (2003) Emission behaviour of aerated landfills: Results of laboratory scale investigations. *Sardinia 2003 9th Waste Management and Landfill Symposium*, Cagliari, Itália.

Robinson, H. D. & Maris, P. J.(1983) The treatment of leachates from domestic wastes in landfills I. Aerobic biological treatment of a medium - strength leachate. *Wat. Res.*, 11 (17);1537.

Rohrs,L.H., Fourie,A.B. & Blight,G.E. (1998) Water SA 24 (2) pp 10.

Rotter, V.S.,Kost, T., Winkler,J.& Bilitewski,B. (2004) Material Flow Analysis of RDF-production process. *Gestão de Resíduos* 24: 1005-1021

Russi, D., Gonzalez-Martinez, A.C., Silva-Macher, J.C., Giljum, S., Martinez-Alier, J. e Vallejo, M.C. (2007). *Fluxos de materiais na América Latina. Journal of Industrial Ecology12*(5): 704-720.

Sahely,H.R., Dudding,S., e Kennedy, C.A. (2003) Estimating the urban metabolism of Canadian cities: Greater Toronto Area case study. *Canadian Journal of Civil Engineering* 30(2): 468-483.

Sandro L. Machado, Miriam F. Carvalho, Jean-Pierre Gourc, Orencio M. Vilar, Julio C.F. , Nascimento (2009) Geração de metano em aterros sanitários tropicais: Métodos simplificados e resultados de campo. *Gestão de Resíduos* 29 (1): 153-161

São Mateus M, Machado S e Barbosa M (2011) Uma tentativa de efetuar o balanço hídrico num aterro sanitário brasileiro de resíduos sólidos urbanos. *Gestão de Resíduos* 32: 471-481.

Schaffner, M., Bader, H.-P., Koottatep, T., Scheidegger, R.,Schertenleib, R., (2006). Assessment of Water Quality Problems and Mitigation Potentials by using Material Flow Analysis - A Case-Study in the Tha Chin River Basin, Thailand. Wise Water Resources Management Towards Sustainable Growth and Poverty Reduction. 3rd Conferência da APHW, Banguecoque, Tailândia.

Saurat, M e Bringezu, S. (2008) Platinum Group Metal Flows of Europe, Part 1. *Jornal de Ecologia Industrial* 12(5):754-767.

Schaffner,M., Koottatep,T., & Schertenleib,R. (2005) Paper presented at *Conference on Role of Water Sciences in Transboundary River Basin Management,* March 2005, Ubon, Ratchathani,Thailand.

Segunda Comunicação Nacional à UNFCCC (NC2) (2011). Ministério dos Recursos Naturais e do Ambiente, Malásia. 115 pp.

Schandl, H.,& Schulz, N.(2001). *Contribuição para a série de documentos de trabalho do ISER: Using Material Flow Accounting to operationalize the concept of Society's Metabolism. A preliminary MFA for the United Kingdom for the period 1937-1997.* IFF Institute for Interdisiplinary Studies of Austrian Universities, Viena, Áustria: ECASS Centro Europeu de Análise em Ciências Sociais.

Schandl, H. e Schulz, N. (2000) *Using material flow accounting to operationalise the concept of Society's Metabolism: A preliminary MFA for the United Kingdom for the period of 1937-1997.* Documento de trabalho ISER nº 2000-3. Universidade de Essex, Colchester.

Scharf, W. (1982). Codisposal of Municipal Solid Waste and Sewage Sludge ; investigation in laboratory scale, Gas and Wasserhaushalt von Mulldeponien, Veroffentlichungen des Institut fur Stadtbauwesen, T.U. Braunschweig Heft 33, Eigenverlag.

Schroeder, P.R., Dozier, T.S., Zappi, P.A., McEnroe, B.M., Sjostrom, J.W., &Peton, R.L. (1994): The Hydrologic Evaluation of Landfill Performance (HELP) Model: Engineering Documentation for Version 3, EPA/600/R- 94/168b, US. Environmental Protection Agency, Risk Reduction Engineering Laboratory, Cincinnati, OH.

Schulz, N.B. (2007) The direct material inputs into Singapore's Development. *Jornal de Ecologia Industrial11*(2); 117-131.

Schutz, H. &Bringezu, S. (1993) *Major material flows in Germany.* Boletim Ambiental da Fresenius 2

Schutz, H. e Welfens, M. J. (2000) *Sustainable development by dematerialization in production and consumption-strategy for the new environmental policy in Poland.* Wuppertal Papers, Wuppertal, vol. 103.

Scott, A., Redclift, M. (1995). Discussões políticas. Industrial Metabolism: Reestruturação para o desenvolvimento sustentável. *Global Environmental Change, 5:* 157-166 .

Seelsaen,N., McLaughlan,R., Stuetz,R. & Moore,s. (2007). Material Flow Analysis : an integrated tool for stormwater runoff management (A case study of copper in stormwater runoff). Comunicação apresentada na *NOVATECH 6th International Conference on sustainable techniques and strategies for urban water management,* 25-28 de junho de 2007, Lyon, França.

Sendra,C., Gabarrell, X., & Vicent, T. (2007) Análise do fluxo de materiais adaptada a uma zona industrial. *Jornal de Produção Mais Limpa* 15: 1706-1715

Shen,W., Yin,Y.L. & Jin,Y. (2006) Avaliação de projectos públicos com base na análise do fluxo de materiais. *Jornal da Universidade de Tecnologia de Tianjin* 22(1): 43-46.

Shi, Z.G. (2006) Análise do fluxo de materiais da indústria automóvel. *Técnica Económica,* 7: 9-11.

Stamm, J.W.& Walsh, J.J. (1988) Pilot Scale Evaluation of Sludge Landfilling: Four Years of Operation. Agência de Proteção Ambiental dos Estados Unidos, Cincinatti, Ohio.EPA/600/2-88/027.

Singh, S.J., Grunbuhel, C.M., Schandl, H. e Schulz, N. (2001) Social Metabolism and Labour in a Local Context: Changing environmental relations on Trinket Island. *Population and Environment* 23(1):71-104.

Socolow RH, Thomas V. 1997. A ecologia industrial do chumbo e dos veículos eléctricos. *Journal of Inustrial Ecology* 1(1):13-36

SOCOPSE/Source Control of Priority Substances in Europe (2009) *Workpackage 2 - D2.1. Análise do fluxo de materiais para substâncias prioritárias selecionadas* (contrato de projeto n.º 037038), Suécia. 70pp.

Somlyody, L., Brunner, P.H., Fenz, R., Kroib, H., Lampert, Ch., Zessner, M.,(1997) Nutrient balances for Danube Countries. Sumário executivo. http://www.iwa.tuwien.ac.at/htmd2264/publikat/publis/danube.htm. Acedido em *28* de março de 2011

Spatari, S, Bertram, M., Fuse, K., Graedel, T.E,, Shelov, E. (2003). A atualidade Ciclo europeu do zinco: stocks e fluxos de 1 ano. *Resources Conservation & recycling 39(2)*; 137-160.

Spokas, K., J. Bogner, J. Chanton, M. Morcet, C. Aran, C. Graff, Y. Moreau-le-Golvan, N. Bureau e I. Hebe, 2006: Balanço de massa do metano em três aterros sanitários: qual é a eficiência da captura pelos sistemas de recolha de gás? *Waste Management*, 26: 516-525.

Stegmann, R. (1982) Description of biological degradation processes of municipal solid waste in laboratory scale lysimeter, Gas and Wasserhaushalt von Mulldeponien, Veroffentlichungen des Institut fur Stadtbauwesen, T.U. Braunschweig Heft 33, Eigenverlag.

Steurer, A. (1992) Stoffstrombilanz Österreich, 1988. Livro de registos da Ecologia Social. IFF Social Ecology No. 26. IFF/Abteilung Soziale Ökologie, Viena.

Tachibana, J., Hirota, K., Goto, N., and Fujie,K. (2008) A method for regional-scale material flow and decoupling analysis: Um estudo de caso de demonstração da prefeitura de Aichi, Japão. *Resources, Conservation and Recycling* 52; 1382-1390.

Tao, Z.P. (2003) *Ecological Rucksack and Ecological Footprint - the concept of weight and area of sustainable development.* Beijing: Economic Science Press.

Tarr, J. A. (1996). *The search for the ultimate sink: urban pollution in historical perspective,*

Akron: The University of Akron Press.

Tchobanoglous,G. & Kreith,F. (2002) Handbook of Solid Waste Management Mc Graw-Hill, New York, USA.

Tchobanoglous, G., Theisen, H. & Vigil, S. (1993) Integrated Solid Waste Management, Engineering Principles and Management Issues. McGraw Hill Book Co., Nova Iorque.

Décimo (10th) Plano da Malásia (2011-2015) : Capítulo 6: Construir um ambiente que Melhora a qualidade de vida. http://www.epu.gov.my/html/themes/epu/html/RMKE10/img/pdf/en/chapt6.pdf. Acedido em 25 de janeiro de 2011.

Thornthwaite, C & Mather, J (1955) The water balance. *Climatology* 8(1), Centerton, New Jersey, USA Laboratory of Climatology.

Timur, H., Özturk, I., Altinbas, M., Arikan, O., & Tuyluoglu, B.S.(2000) Anaerobic treatability of leachate: a comparative evaluation for three different reator systems. *Wat. Sci. Technol.*, 1-2 (42); 287.

Trenberth, K.E., P.D. Jones, P. Ambenje, R. Bojariu, D. Easterling, A. Klein Tank, D. Parker, F. Rahimzadeh, J.A. Renwick, M. Rusticucci, B. Soden e P. Zhai, 2007: Observations: Surface and Atmospheric Climate Change. In: *Climate Change 2007: The Physical Science Basis.* Contribuição do Grupo de Trabalho I para o Quarto Relatório de Avaliação do Painel Intergovernamental sobre Alterações Climáticas [Solomon, S., D. Qin, M. Manning, Z. Chen, Marquis,M. K.B. Averyt, M. Tignor and H.L. Miller (eds.)]. Cambridge University Press, Cambridge, Reino Unido e Nova Iorque, NY, EUA.

Udo de Haes H, van der Voet E, Kleijn R.(1997) From quality to quantity: substance flow analysis (SFA), an analytical tool for integrated chain management. In: BringezuS, Fischer-Kowalski M, Kleijn R, Palm V, editores. Regional and national materialflow accounting: from paradigm to practice of sustainability. Leiden, Países Baixos: The ConAccount WorkshopWuppertal Special 4: 32-42

Uihlein,A., Poganietz,W.R. and Schebek, L (2006) *Carbon flows and carbon use in the German anthroposphere: An inventory.* Resources, Conservation and Recycling, vol. 46, pp. 410-429.

Programa das Nações Unidas para o Ambiente (2002) Waste generation - how many million tonnes really? URL: http://www.vitalgraphics.net/waste/html file/08-09 waste generation.html. Acedido em 24 de janeiro de 2011

USEPA (2006a) Global anthropogenic non-CO2 greenhouse gas emissions: 1990-2020. Gabinete de Programas Atmosféricos, Divisão de Alterações Climáticas. URL http://www.epa.gov/ngs/econ-inv/downloads/. Global Anthropogenic Emissions Report.pdf> Acedido em 30 de março de 2011.

USEPA (2006b). Gestão de resíduos sólidos e gases com efeito de estufa - Uma avaliação do ciclo de vida das emissões e sumidouros. 3rd Edition. Agência de Proteção Ambiental dos EUA. Washington, DC. setembro de 2006.

USEPA (1991). Publicação do Seminário, Conceção e Construção de Coberturas Finais RCRA/CERCLA.EPA/625/4-91/025. maio.

US Interagency Working Group Industrial Ecology Material Energy Flows (1998) *Materials.* Washington, DC: Conselho de Qualidade Ambiental. 29 pp

Programa das Nações Unidas para o Desenvolvimento Relatório Anual do PNUD (2008) Desenvolvimento de capacidades: Capacitar as pessoas e Instituições.http://www.undp.org/publications/annualreport2008/pdf/IAR2008_ENG low.pdf. Acedido em 30th março 2011.

Comissão Económica e Social das Nações Unidas para a Ásia e o Pacífico (UNESCAP) (2001) Overview Of Regional And International Statistical Work In Environment Statistics, Indicators And Accounting. Nota do Secretariado. Em linha: http://www.unescap.org/Stat/envstat/stwes-013.pdf. Acedido em 20th abril de 2011.

Programa das Nações Unidas para o Ambiente (PNUA). (2010), *Waste and Climate Change : Global Trends and Strategy Framework.* Centro Internacional de Tecnologia Ambiental, Osaka/Shiga, Japão.

Programa das Nações Unidas para o Ambiente (PNUA). (2005), "Solid Waste Management (Volume II: Regional Overviews and Information Sources), International Environmental Technology Centre". URL :http://www.unep.or.jp/Ietc/Publications/spc/Solid Waste Management/SWM Vol -II.pdf.

Acedido em 30 de março de 2011.

Programa das Nações Unidas para o Ambiente PNUA (2004). *Gráficos vitais de resíduos*. Secretariado da Convenção de Basileia (COP7), Divisão de Convenções Ambientais (DEC) do PNUA & Grid-Arendal e Divisão de Avaliação de Alerta Precoce-Europa do PNUA http://www.grida.no/files/publications/vital-waste/wastereport-full.pdf . "Acedido em 30 de março de 2011.

Programa das Nações Unidas para o Ambiente PNUA (2004), State of Waste Management in South East Asia, Programa das Nações Unidas para o Ambiente PNUA/IETC, Paris, www.unep.or.jp/Ietc/Publications/spc/State of waste Management/index.asp.

Agência de Proteção Ambiental dos Estados Unidos (USEPA) (2006), Global Mitigation of Non-CO2 Greenhouse Gases 1990-2020 (Relatório EPA 430-R-06-003),URL:http://www.epa.gov/climatechange/economics/downloads/GlobalMitigati onFullReport.pdf. Acedido em 30 de março de 2011.

United States Environmental Protection Agency (US EPA)(1999) *National source reduction characterization report for municipal solid waste in the United States*. EPA 530R-99-034, Gabinete de Resíduos Sólidos e Resposta a Emergências, Washington, D.C.

UniversitiTeknologi Malaysia (UTM). 2007. *Estudo do Índice Nacional de Vulnerabilidade Costeira - Fase 1*. Departamento de Drenagem e Irrigação (DID), Ministério dos Recursos Naturais e do Ambiente da Malásia

Van Beers, D. e Graedel, T.E. (2003) The magnitude and spatial distribution of in-use copper stocks in Cape Town, South Africa. *South African Journal of Science* 99: 61-69.

Van der Voet, E., Egmond L, Kleijn R, Huppes G.(1994) Cadmium in the European Community: a policy-oriented analysis. *Waste Management Resources* 12:507-26.

Van de Graaf, A. A., de Bruijn, P, Robertson, L. A., Jetten, M. S N., Kuenen, J. G (1996) Autotrophic growth of anaerobic ammonium-oxidising microorganisms in a fluidised bed reator. *Microbiologia* 14: 2187-2196.

Venkatesh ,G., Hammervold,J., and Brattebo, H. (2009) Combined MFA-LCA for analysis of wastewater pipeline networks case study of Oslo, Norway. *Journal of Industrial Ecology*, 13(4): 532-550.

Vitousek P, Edin LO, Matson PA, Fownes JH, Neff J: Within-system element cycles, input-output budgets, and nutrient limitations. Em Success, Limitations, and Frontiers in Ecosystem Science. Editado por Pace M e Groffman P. Nova Iorque, SpringerVerlag: 432-451.

VUT (Universidade de Tecnologia de Viena) 2000. Manual MFA Guidelines for the use of Material Flow Analysis for Municipal Solid Waste (MSW) Management :Aid in the Management and European Comparison of Municipal Solid Waste Treatment Methods for a global and Sustainable Approach (Projeto AWAST. Módulo de trabalho 1: Aspeto da matéria residual EVK4-CT-2000-00015. Universidade de Tecnologia de Viena, Instituto de Qualidade da Água e Gestão de Resíduos, Agência de Gestão de Recursos, Bureau de Recherches Geologiques et Minieres e Universidade de Estugarda, Instituto de Qualidade da Água e Gestão de Resíduos.

Wang, X.Y., Yan, E.S., e Ou,Y. (2009) Análise do fluxo de materiais do ciclo do fósforo na bacia hidrográfica superior do reservatório de Miyun em Pequim. *Ata Scientiae Circumstantiae* 29(7): 1549-1561.

Wang, Q., Liu, J.Z., Gu, X.W. e Ding, Y. (2005) Domestic Material Consumption of Chinese Economic System. *Ciência dos Recursos* 27(5): 2-7.

Wang,Y,Pelkonen,M.,Zhang,L.e Kaila,J.(2013). Actas apresentadas em *Sinks a Vital Element of Modern Waste Management 2nd International Conference on Final Sinks* 16th - 18th May 2013, Espoo, Finland

Wan Azli, W.H., S.Mohan, K. & S. Kumarenthiran, 2008. Climate Change Scenario Climate Change Scenario And the Impact of Global Warming on the Winter Monsoon (Cenário de Alterações Climáticas e Impacto do Aquecimento Global na Monção de inverno). Na *Segunda Conferência Nacional sobre Tempo Extremo e Alterações Climáticas: Understanding Science and Risk Reduction*. 14-15 de outubro de 2008, Putrajaya, Malásia.

Warren-Rhodes, K. And Koenig, A. (2001) *Escalating trends in the urban metabolism of Hong Kong: 1971-1997. AMBIO* 30(7):429 - 438

Resíduos e alterações climáticas - Livro Branco da ISWA (2009). Associação Internacional de Resíduos Sólidos (ISWA). 40p

Wei, T. e Zhu, X.D. (2009) Análise do fluxo de materiais do sistema eco-económico da cidade de Xiamen. *Ata Ecologica Sinica* 29(7): 3800-3810.

Weisz, H. , Krausmann, F. , AmannC., Eisenmenger, N. , Erb, K-H.,Hubacek K., e Fischer-Kowalski, M., (2005) The physical economy of the European Union: Crosscountry comparison and determinants of material consumption", *Ecological Economics* 58: 676-698.

Weisz, H. (2000) *The weight of nations. Material outflows from industrial economies.* World Resources Institute, Washington.

Wenjie Z & Cheng, S (2013) Análises paramétricas de coberturas de aterros de evapotranspiração em regiões húmidas. *Journal of Rock Mechanics and Geotechnical Engineering* 6(4): 356-365

Wen, Z.G., Li, R.J., Huang, L.Y., e Xu, H.L. (2009) Material metabolism in the Chinese highway traffic system. *Jornal da Universidade de Tsinghua (Ciência e Tecnologia)* 49(9): 1516-1519.

Willumsen, H.C. (2003) Landfill gas plants: number and type worldwide. Actas do *Sardinia '05, Simpósio Internacional de Resíduos Sólidos e Perigosos*, outubro de 2005, editora CISA, Universidade de Cagliari, Sardenha, Itália.

Wittmer,I. (2005) Modelação dos fluxos de água e de nutrientes da aquicultura de água doce na Tailândia. Uma análise do fluxo de materiais. Tese de diploma, Instituto Federal Suíço de Tecnologia. outubro de 2005.68pp

Woodard,R.,Harder,M.K. and Bench,M.(2006) Participation in curbside recycling schemes and its variation with material types.*Waste Management* 26(8): 914-919

Wolman, A. (1965). O metabolismo das cidades. *Scientific American* 213; 179-190.

Banco Mundial (2012) Hoornweg, D & Bhada-Tata,P .What a waste : A global review of solid waste management. http://documents.worldbank.org/curated/en/2012/03/16537275/waste-global- review-solid-waste-management#. Acedido em 30 de março de 2011.

Relatório de Desenvolvimento do Banco Mundial: Development and Climate Change (2010) The International Bank for Reconstruction and Development / The World Bank Washington,USA.http://siteresources.worldbank.org/INTWDR2010/Resources/528 7678-1226014527953/WDR10-Full-Text.pdf. Acedido em 7 de julho de 2010.

Banco Mundial (1999), What a Waste: Solid Waste Management in Asia, Banco Mundial, Unidade do Setor do Desenvolvimento Urbano, Região da Ásia Oriental e do Pacífico, http://web.mit.edu/urbanupgrading/urbanenvironment/resources/references/pdfs/Wh atAWasteAsia.pdf. Acedido em 30 de março de 2011.

Organização Meteorológica Mundial (OMM) (2008), The State of Greenhouse Gases in the Atmosphere Using Global Observations through 2007, http://www.wmo.int/pages/prog/arep/gaw/ghg/documents/ghg-bulletin-4- finalenglish. pdf. Acedido em 30 de março de 2011.

Xu, Y.J., Zhang, T.Z., Shi, L., e Chen, J.N. (2004a) Material flow analysis in Guiyang. *Jornal da Universidade de Tsinghua (Ciência e Tecnologia)* 44(2): 1688-1691.

Xu, M e Zhang, T.Z. (2004b) Material flow analysis of fossil fuel usage in the Chinese economy. *Jornal da Universidade de Tsinghua (Ciência e Tecnologia)* 44(9):1166- 1170.

Xu, M. e Zhang, T.Z. (2005) *Material* input analysis of the Chinese economy. *China Environmental Science* 5 (3): 324 -328.

Xu, Y.J. and Zhang, T.Z. (2006) Application of physical input-output table to material flow analysis in Yima City. *China Environmental Science* 26(6): 756-760.

Xu, M., Jia, X.P., Shi, L., e Zhang, T.Z. (2008) Societal metabolism in Northeast China: Estudo de caso da província de Liaoning. *Resources, Conservation and Recycling* 52: 10821086.

Yue, Q. e Lu, Z.W. (2006) An Analysis of Contemporary Copper Recyling in China. *The Chinese Journal of Process Engineering* 6(4): 683-690.

Zhang,M (2005) Quantitative research on mineral material flow (Investigação quantitativa sobre o fluxo de materiais minerais). *Informação sobre terras e recursos* 4:18-20

Zhang, S.F. and Lei, J. (2006) Analyzing Dematerialization of Shaanxi Province based on MFA. *Ciência dos Recursos* 27(4); 145-149.

Zhang, Y.B., Xia, Z.X., Chen, X.G., e Peng, X.C. (2007) Dynamics of regional sustainable development based on material flow analysis :A case study in Guangdong Province. *Resources Science* 29(6): 212-217.

Zhang, B., Huang, H.P. e Bi, J. (2009a) Análise do fluxo de materiais e análise da envolvente dos dados com base na análise da ecoeficiência regional: estudo de caso da província de Jiangsu. *Ata Ecologica Sinica* 29(5): 2473-2480.

Zhang, Y., Shan, Y.J. and Han, X.M. (2009b) Design and analysis of an input-output table of material flow in economic system in Beijing. *Journal of Natural Resources* 24(3): 514-522.

Zhu,M., Fan.,X.,Rovetta,A.He.Q.,Vicentini,F.,Liu,B.,Giusti,A. e Liu,Y. (2009) Municipal Solid Waste Management in Pudong New Area,China. *Waste Management*,29(3):1227-1233

Zinati, G.M., Y.C. Li, e Bryan, H.H. (2001) A utilização de composto aumenta o carbono orgânico e as suas fracções humina, húmica e ácido fúlvico em solo calcário. *Compost Science & Utilization* 9: 156-162.

Printed by Books on Demand GmbH, Norderstedt / Germany